小さい農業で稼ぐ

トウガラシ

寺岸明彦 著

辛味種の栽培から加工まで

農文協

国産トウガラシ に追い風

近年はキムチの材料のハクサイやトウガラシにも国産が求められるようになり，品質のよい国産辛味トウガラシに注目が集まっている。農産物直売所でも地元産の辛味トウガラシをみかけるようになってきた。写真は岡山県の直売所で自分でブレンドしてつくれる手づくり七味と在来品種の「姫とうがらし」（次ページ）。（倉持正実撮影）

七味を手づくり

直売所でトウガラシが売れる

岡山県鏡野町のNPO法人てっちりこが運営する直売所「みずの郷奥津湖」で売られている七味の材料。皮（陳皮：熟したみかんの皮），山椒，青のり（海藻），麻の実，ごま，芥子の実など。全部で15～20種類の中から，スプーン1杯単位で10杯分をブレンド。これで1瓶となる（七味については112ページ参照）

（倉持正実撮影）

マイ七味ブレンドレシピ例

使用方法			姫とうがらし	ユズ	木の芽（サンショウ）	赤ジソ	梅粉	青のり	シイタケ	ゴマ	塩
汁物用	うどん・そば	（大辛）	7	1		1		1			
		（中辛）	5	2		1		1		1	
		（普通）	4	2		2		1		1	
	豚汁		6	1			1		1	1	
	水炊きポン酢		5	3		1		1			
ふりかけ用	フライ・唐揚げ・天ぷら		4		2	1	1	1			1
	焼きそば・焼きうどん		4		2	1	1	2			
	野菜炒め		5	2		1		1		1	

売り場に置いてあったレシピを一部編集。用途に応じたブレンドの目安がわかる。
この他，材料ごとに成分や機能性をまとめた表もある

（3）

生で枝付きで売る

新鮮な枝付きの鷹の爪を直売所へ出荷。10月からひと房ずつ枝ごと切って収穫し，葉を除去してからラップで包み，一つ200円で「普賢寺ふれあいの駅」で販売（京都府京田辺市・松宮智さん・博さん 10ページ）

生の果実を袋詰めで売る

実の長さや向きを揃えて見栄えをよくすることで売上もアップ
（愛知県・加藤明さん提供，黒澤義教撮影）

トウガラシの栽培

高品質多収のコツ

トウガラシは枝が折れやすい。通常，分枝するタイプはフラワーネットを地面から40～50cmほどの高さに張って倒伏を防ぐ

地面から40cmぐらいの高さをヒモ（矢印）で挟むと倒伏と枝折れを防げる

（5）

一斉収穫よりも順次収穫（鷹の爪）

トウガラシは徐々に着色していくので，成熟した果実を一つずつ収穫すると品質のよい赤い果実が揃う
（編集部撮影、以下Hも）

一斉収穫と順次収穫

一斉収穫すると日焼け果や着色が進まない果実も混ざってしまう（H）

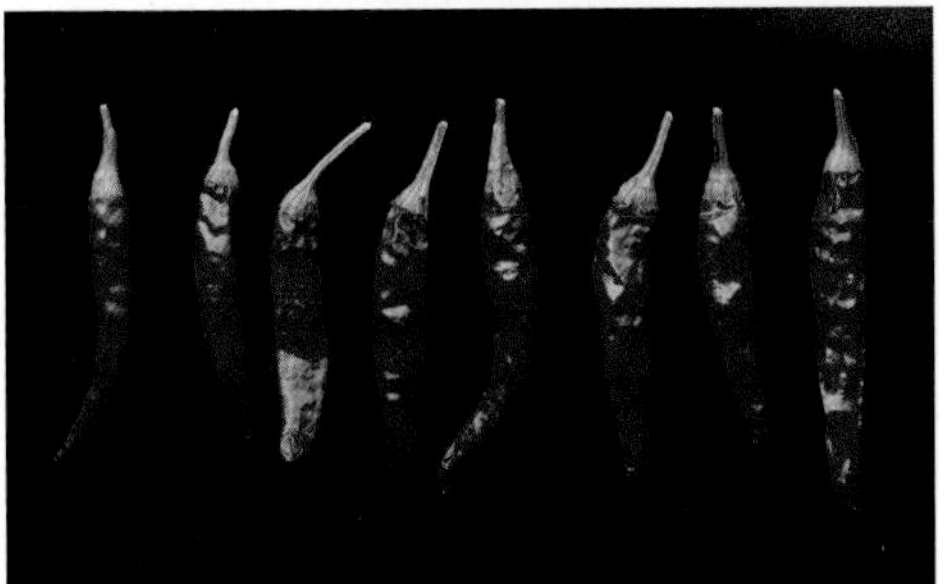

A級品（乾燥トウガラシ）。2週間おきに成熟した果実を一つずつ順次収穫すれば，このとおり品質が揃う（H）

（6）

仕立て方と収穫法は大きく4タイプ

結果習性の異なる４タイプに分けて仕立て方と収穫法を変えることで高品質果がたくさんとれる

①芯止まり房成りタイプ…八房《やつぶさ》など

分枝しない八房は，苗定植の１カ月後に草丈30cmほどで芯止まり状態になり，果房の収穫が終わるまで新梢は伸長しない。房状に着果した10～20個の果実を10月に一斉収穫する方法が一般的

②分枝房成りタイプ…鷹《たか》の爪《つめ》など

鷹の爪は，苗定植の１カ月後に先端が2本に分枝し，その腋部に第１花がつく。次の分枝に10個前後の花が房状に着生し，1カ月ほどは生長が止まったようになる。開花から3～4週間後に果実の収穫を始める頃に分枝した新梢がゆっくり伸び始めて，まるで果房の中から新梢が出てきたかのように見えるが，この後も同様のことを繰り返し，12月中旬までに草丈が70cm程度に達する

①と②の中間の草姿を示す「芯立ち房成りタイプ」（熊鷹など）もある（63ページ）

③分枝節成りタイプ…伏見辛，本鷹《ほんたか》など

本鷹は，分枝するごとに腋部に一つずつ着果する。新梢の伸長は果実肥大中も停止することなく，次の分枝には新たに開花している状態になるため，草丈は1mほどになる。果実はふっくらして長い

④立性タイプ…F_1品種や韓国トウガラシなど

韓国のトウガラシなどを交配親に用いた一代雑種などは，分枝節成りタイプのように定植の１カ月後に10～12節ほどに生長した頃，新梢先端が2本に分枝して腋部に第１花がつく。大部分の品種では果実は下向きに着果する。鷹の爪などに比較すると伸長ははやく，夏までに草丈1mほどになる

選別と乾燥

選別と乾燥の方法でも
単価が大きく変わる

「もぎり」作業

きれいに乾燥させる

「青い不織布」を張って
乾燥させると，果実の
白化や日焼けを防げる

左からA品，B品，規格外，出荷不可

まえがき――国産トウガラシがおもしろい

トウガラシには、甘長トウガラシのような青果用（甘味種）と、「鷹の爪」のような加工用辛味種があります。本書では加工用辛味種を取り上げます。「鷹の爪」を代表とするトウガラシは、江戸時代から七味唐辛子の原料として用いられています。とくに、京都を中心に関西では薄味のお出汁文化と混ざり合うことで、辛味よりも風味を重んじる薬味の配合が生み出され、現在の京都ならではの七味唐辛子の商品ラインナップにつながっています。

また、和食がユネスコ無形文化遺産に登録され、日本食の人気は絶大なものになり、海外のおもな観光地には「ＳＵＳＨＩ」や「ＵＤＯＮ」などの日本食料理店が連なっています。日本食ブーム以前から知名度の高い醤油や味噌はもちろん、七味唐辛子は麺類や焼き鳥の人気とともに「mixed chili pepper」と呼ばれて知名度が高まっています。京都を訪れる外国人観光客には、七味唐辛子の多彩なパッケージに興味を持ってお土産に購入する人も多くみられます。

一方、これら加工用トウガラシは、原材料の１００％近くを輸入に頼っており、その数量の約90％が中国産です。しかし、日本国内で生産する加工食品の原料原産地表示の改正や健康機能性成分の注目などもあり、国産トウガラシは価格が高くても需要が増えています。

トウガラシ栽培の売上は１ａ当たり３～５万円程度と安定しており、露地栽培の基幹品目を補完する作物として期待できます。サルやイノシシなど野生鳥獣による被害が少ないことなどから、耕作放棄地活用にも適しています。さらに、減農薬でも栽培でき、軽量なので高齢者にもつくりやすいことから、調味料やお菓子に利用して農産物直売所における新たな特産物が生み出されることも期待されます。また近年、京都府では障害者福祉施設と香辛料製造会社の連携によって京都産の七味唐辛子を発売したところで、全国展開に向けて原料供給に応えることも急務となっています。

本書は、トウガラシの安定高品質栽培を実現するための品種特性と仕立て、長期収穫のための技術をはじめ、小規模でも安全に生産や乾燥調製ができる作業体制、魅力的な唐辛子商品の事例などから、農家所得向上のための乾燥・調製、加工、販売の新しいアイデアまでの一連を紹介します。また、自らヨーロッパ各地を巡って見つけた珍しいトウガラシ加工品についても紹介します。本書で取り上げた高品質多収の栽培技術は青果用、乾燥用を問わず参考になるはずです。

執筆にあたり、ご協力いただいた京都府京田辺市天王の松宮様ご兄弟と中西様ご夫妻、(福)京都聴覚言語障害者福祉協会「さんさん山城」、甘利香辛食品㈱の深川直史氏に厚く御礼申し上げます。なお、本書の内容には諸先輩方の貴重な業績を引用させていただきました。あらためて御礼申し上げます。最後に、本書の執筆の機会を与えていただいた農山漁村文化協会と、多くの示唆と激励を賜りました編集局の林倉一郎氏に甚深に御礼申し上げます。

令和2年10月吉日

寺岸明彦

目次

第3章 トウガラシとは

第6章 一味・七味唐辛子の販売と加工・利用

＊本書における施肥量などは1aで示した。

1a＝100m^2

1a当たり10kg（10,000g）の場合，1m^{2}当たりは100で割って100gとなる。

第1章

トウガラシを育てる人たち

1 新鮮な枝付きの鷹の爪を直売所へ出荷

（京都府京田辺市・松宮智さん・博さん）

京都府京田辺市の旧村普賢寺の中山間地域に天王《てんのう》という農村があります。ここに暮らす松宮智さんと弟の博さんは、8年前（2011年）に親せきから大きくて明るい赤色をした鷹の爪の果実を譲り受け、その果実から種子を取り出して、山中の棚田で毎年わずか100株ずつ栽培しています。

直売所に並ぶその果実の特徴は、12月になっても長さ7cmほどの大きな果実が、枝付きで1房に20個以上着果していることです。また、果実の軸が長いこと、房の中に果実表面が白化したりしおれたりした果実がまったくないことなどから、初冬の中山間地域で寒風にさらされたトウガラシとは到底思えない、まさに旬の採れたてを感じさせるものです。

その栽培方法を聞いたところ、営利目的で反収を上げる栽培方法とは大きく異なるものでした。

直売所出荷ならではの栽培方法

4月下旬に、前年に自家採種した種子をプラグトレイに200粒ほど播種し、6月上旬に南向きの山の斜面にある小さな農地に生育の揃った苗を100株定植します。元肥は鶏糞を1a当たり100kg施用するだけです。また、うねの高さは10～20cmと露地栽培としてはかなり低めにしています。

8月に生長点に花房が見えてきますが、このときの草丈は20～30cmほどと小さいためフラワーネットを使用するか、1株ごとに草丈と同じ長さの支柱を立てて支えておくだけで、倒伏はほとんどおきません。

写真1－1　松宮博さん

写真1－2　松宮さん兄弟（右が兄の智さん）

遅くに定植する

追肥は有機化成（N：P：K＝8：8：8）などを用いてチッソ量1a当たり1kgぐらいを目安に少量与える程度なので、分枝は数本しか発生しません。この地域は平地部に比べて夏でも夜温が低く、秋からは日長時間も短くなることも原因して、草丈は長くても50cmほどにしかならず、収量は1a当たり10kg程度しかとれないようです。しかし、一つの房に大きな果実が20個以上もついている商品を生産することが、もともと辛いものが好きな松宮さんのこだわりです。苗の定植時期が6月と遅いことにより、生育期間が通常の栽培に比べて2カ月短いことや、暑い夏に着果していないこと、この地域の冷涼な気候により樹勢が衰えずに収穫期を迎えることなどが、年末になっても立派な果実を収穫できる理由であると思います。

枝ごと切って販売

10月からひと房ずつ枝ごと切って収穫し、葉を除去してからていねいに全体をラップで包み、一つ200円で同じ地域内の農家200人ほどで運営する農産物直売所「普賢寺ふれあいの駅」で10月から12月まで販売しています（口絵3ページ参照）。前述したように、日本でトウガラシを乾燥させないで生で販売されている事例は少なく、顧客層について松宮さん本人に聞いてみると、直売所から老舗料理店へ直送されているとのことです。

もう一つ驚いたことがあります。農薬をまったく使用していないのに、８年間一度もＴＭＶ（タバコモザイクウイルス）などウイルスによる被害を見たことがないことです。毎年、栽培する場所を変えていることや、夏野菜の栽培に適していない天王の気象条件と地形的に果菜類の作付けには作業性が劣るなどの理由から、ナス科植物の栽培が少ないことがこの地域でのウイルスの増加を防いでいると思われます。

カコミ　直売所に並ぶトウガラシの品種とその姿

手間のかかる品目がこの時期だけ並ぶ

全国の農産物直売所で、９月になると、赤く熟したトウガラシがたくさん販売されているのを目にすることができます。よく見ると販売している農家は複数で、その出荷形態もそれぞれの個性があり、また品種も複数あることがわかります。おそらく、地元の兼業農家が野菜を栽培する圃場の数うねだけでつくっているのでしょう。

その他にも、出荷に手間のかかるエゴマやシソ、ショウガ、スイートバジルあるいは食用菊などを育てているのではないかと思います。

これらの品目の共通点は、収穫適期が厳密でないこと、量販店では入手しにくいこと、栽培に大きな施設や機械を必要としないことなどがあげられます。

まさしく、この時期だけこれらの地元産採れたて野菜をめがけて、直売所開店と同時に多くのお客さんが詰めかけ、お昼頃には農家の手づくりのポップだけが棚に残っています。

品種は鷹の爪と八房《やつぶさ》がほとんど

販売しているトウガラシの品種は大きく分けると、「鷹の爪」か「八房」の2つで大部分を占めます。芯止まり房成りタイプ（口絵6ページ参照）である八房は、この頃に株ごと引き抜いて収穫するため、出荷時期が一時に集中します。

一方、分枝房成りタイプ（口絵6ページ参照）の鷹の爪は生育の途中で着色にばらつきがあるものを株ごと引き抜いたか、または着色した果房単位でハサミで切って収穫していると考えられます。それによって、着色の揃った見栄えにできるかどうかが変わってきます。

包装の工夫

包装方法も工夫がされています。あるものは、50g入りの袋に果実の果梗を切って一つずつにしたもの25個前後を包装しています。一方、果房のついた分枝を20cmぐらいの長さになるように切ったものを3本束にして、包装せずに販売しているものもあります。家庭での使いやすさは前者の包装した袋入り商品がよいのですが、見た目の自然らしさや畑でどのように育っていたかを物語る後者は、見て楽しめ、他人に見せたくなる商品です。

秋になるとトウガラシの果実の赤と枝葉の緑のコントラストが紅葉を室内に持ち込んだような色彩を演出しています。ディスプレイの演出に目をとめてしまいます。

2 自分で育ててつくる一味唐辛子づくり

（京都府京田辺市・中西さん夫妻）

辛さと栽培しやすさを基準に自家選抜

京田辺市天王の中西さん夫妻は、25年前（1995年）から趣味で一味唐辛子を手づくりしています。きっかけは、25年前に入手した数品種の韓国の辛味トウガラシ「プッコチュ」（コチュとはトウガラシの意味）を栽培したことです。もともと辛いもの好きのご主人が、辛さと栽培しやすさを基準に毎年選抜し、自家受粉により固定してきました。長さ20cmほどの大きな果実がたくさん成ります。現在の果実の特徴は、当時入手したものとは異なりますが、鷹の爪や八房などの日本の品種に比べて果形はふっくらとして先端は尖っていません。また、辛みは非常に強く、さわやかな香りがします。

多くても5ａを目安に

　中西さんのこだわりで、自分で選抜した系統を中山間地域の農地で栽培する場合、その規模は、５ａ程度にとどめるべきといいます。作付けする農地を毎年変えることが、ウイルスの発生を招かないことにつながるからです。

　肥料は化学肥料を使わず、堆肥、鶏糞、油粕などを少量ずつ施用します。苗の定植は5月末から6月上旬と遅くしています。こうすることで、８月の高温期のかん水の手間が省かれ、涼しくなる9月から11月に成熟した果実を一つずつていねいに収穫できます。収穫したら随時12月まで家の2階に広げて天日で乾燥させ、中西さんお手製の野菜乾燥機（灯油の燃焼器を利用）で数日間かけて仕上げ乾燥させます。

　この後選別と粉砕の作業にかかりますが、中西さんは、果皮が白化、黒ずんでいるもの、傷がついているものは一切使用しません。よいものだけをフードプロセッサーで粗

写真1−3
中西道則さん・
信子さん夫婦

く粉砕してから、ふるいにかけて軸、胎座、種子を取り除いて赤い果肉だけを利用します。これを電動ミルで粒度を約１㎜くらいにしてガラス瓶に40ｇずつ入れて完成です。

この作業はゴーグル、防塵マスク、白い防護服とゴムの手袋という姿で、１日でやりきることにしています。

５ａの農地から約１００㎏の果実がとれますが、出来上がりの一味の量はわずか10㎏ほどです。これを３月までに自家消費の他、親しい人に「天王一味」と称しておすそ分けしています。

出来上がってから３カ月でなくなってしまうので、地元でも幻の逸品です。この天王地域は数年前からイノシシによる農地や農作物の被害が拡大しているので、豆類やカンショなどイノシシの嗜好性の高い品目の代替としてトウガラシを導入し、この取り組みを地域の組織で広めることを検討する必要があると思います。ぜひ今後、販売を検討してほしいところです。

3 農福連携で七味用トウガラシを契約出荷

京都府京田辺市・山城就労支援事業所
「さんさん山城」

手間がかかるからこそ福祉施設の強みになる

2011年4月に京田辺市に就労継続支援B型（通所型）として開所した社会福祉法人京都聴覚言語障害者福祉協会「さんさん山城」では、身体障害（おもに聴覚障害）、知的障害、精神障害の通所者を対象に、出荷調製に手間がかかることなどから農家が導入に消極的なトウガラシをあえて福祉施設ならではの強みを発揮できる有利品目として2017年から栽培に取り組み始めました（写真1－4）。

京都府山城北農業改良普及センターは、現場で障害者（以

写真1－4
収穫作業のようす
怪我防止のため，複数名で収穫するときは各うね間に一人ずつ配置する

下、利用者）が作業しやすい仕立て型や収穫方法を考案して栽培技術を確立しました。出荷先は府内で香辛料を製造する「甘利香辛食品株式会社」で、100％契約栽培です。

苗の系統を統一

鷹の爪の栽培を始めた2017年は、異なる系統の苗を調達したことが原因で、品質の不揃いやウイルスの被害が目立ったため、2018年からタキイ種苗の系統に統一しています。育苗業者に委託してウイルス罹病苗の混入を減らしました。

露地栽培でトウガラシ類の苗を定植する場合は、一般的には遅霜の被害を避けるため5月初旬が安全ですが、「さんさん山城」は抹茶の原料にするてん茶の手摘みに5月中は作業が集中するので、4月中下旬に鷹の爪を定植しています。5月中の管理が不十分になるので元肥を一般よりは少なめにして生育をややおとなしくしておきます。

わき芽の整理を始める6月上旬頃からは、1週間おきに5回程度液肥1000倍希釈液を1株当たり1ℓ株元かん注します。

収穫が始まる8月上旬からはかん水量を増やすので、肥料切れを起こさないように2～3週間に一度のペースでCDU燐加安かIB化成または有機化成などを追肥します。

作業しやすいうね間と生育がよくなる株間

収穫作業のほとんどが株の横でしゃがむ姿勢になるので、腰痛を起こさないよううねは約30cmと高めです。また、うねを高くすることで根の分布範囲を広くして生育を促進する効果もあります。トウガラシ類は枝の先端を上に向けるほど生育が促進するので、株間は50cmから広くても60cmにして分枝が横向きに広がる空間をつくらないようにします。隣どうしの株と枝葉が重なることがあっても、果実が上向きに着果するので、収穫作業に不便はありません。

作業しやすい垣根仕立て

一般的な仕立て方は、地面から40〜50cmの高さに水平にフラワーネットを張って、枝が広がっても折れないようにします。しかし、「さんさん山城」ではキュウリのように鷹の爪の枝を真上に誘引し、垣根のような平面に仕立てます。こうすることで、収穫するときに果実がよく見えるので探す手間が省け、また生長が進むにつれて着果節が上に上がっていくのでしゃがむ姿勢をとらなくてすみます。さらに、追肥やかん水もラクです。ただし、台風による風の被害には注意が必要です。

狭いうね間でハサミを持ったまますれ違うときに怪我をしないように、うね間で作業するときのルールも重要です。また、使い終わった農具は放置せずに決められた場所に戻すことを施設利用者どうしで注意するようにしています。

さらに、わき芽の切除、収穫、もぎりなどすべての作業中にカプサイシンによる皮膚炎を起こさないよう、手袋の着用と手洗いは必須です。堆肥や農薬などを使用した後も同様です。

収穫は、猛暑の８月上旬から始まります。

無理のないように20分おきに休憩して水分を補給し、疲労が蓄積しないようにしながら適期に収穫するため計画的に作業しています。

17g 800円でも大人気

取り組み1年目の２０１７年は台風の被害があったものの、普及センターの技術指導によって「さんさん山城」（２a）と他の２施設（４a）から、乾燥した鷹の爪果実を合計で68kg出荷できました（うち「さんさん山城」からの出荷量は37kg）。

２０１８年１月に京都市内で開催されたイベントでお披露目した京都産鷹の爪１００％使用の「京都産七味唐辛子　京甘利」（甘利香辛食品株式会社）は、８００円（内容量17g）と高価ですが、その品質の高さから来場者の大人気を博することとなりました。

また、２０１８年は鷹の爪の系統を統一し、苗は京都市内の苗専門生産組織が一括で育苗しました。

また、「さんさん山城」の成果が他の施設への刺激となり、６市町にわたる８施設で栽培面積が18aに増え、依頼元が期待する出荷量１００kgを上回り、「京都産七味唐辛子」は京都府内をはじめ全国の料理店に販売が広がりました。

なお、本書で解説する栽培技術は、この「さんさん山城」への栽培指導の中で確立されたものです。

第2章

なぜいま トウガラシなのか

1 国産辛味種に注目が集まっている──トウガラシの生産と消費

昔は輸出していた！

トウガラシは世界的にはもっとも重要な野菜で、日本でも明治時代から昭和初期にかけてロシアなど近隣諸国へ輸出する農産物の一つでした。戦時中に一時生産が減りましたが戦後に再び増加し、昭和30年代には全国で約２５００ha作付けられ、その出荷量は乾燥果実で約６０００ｔもあり、そのうち半分はアメリカやスリランカ（当時の国名はセイロン）に輸出していたと記録されています。

現在の加工用辛味種の出荷量はわずか62ｔで（２０１６年地域特産野菜生産状況：農林水産省）、この全量を七味唐辛子にしたとしても２００～３００ｔ程度にしかなりません。

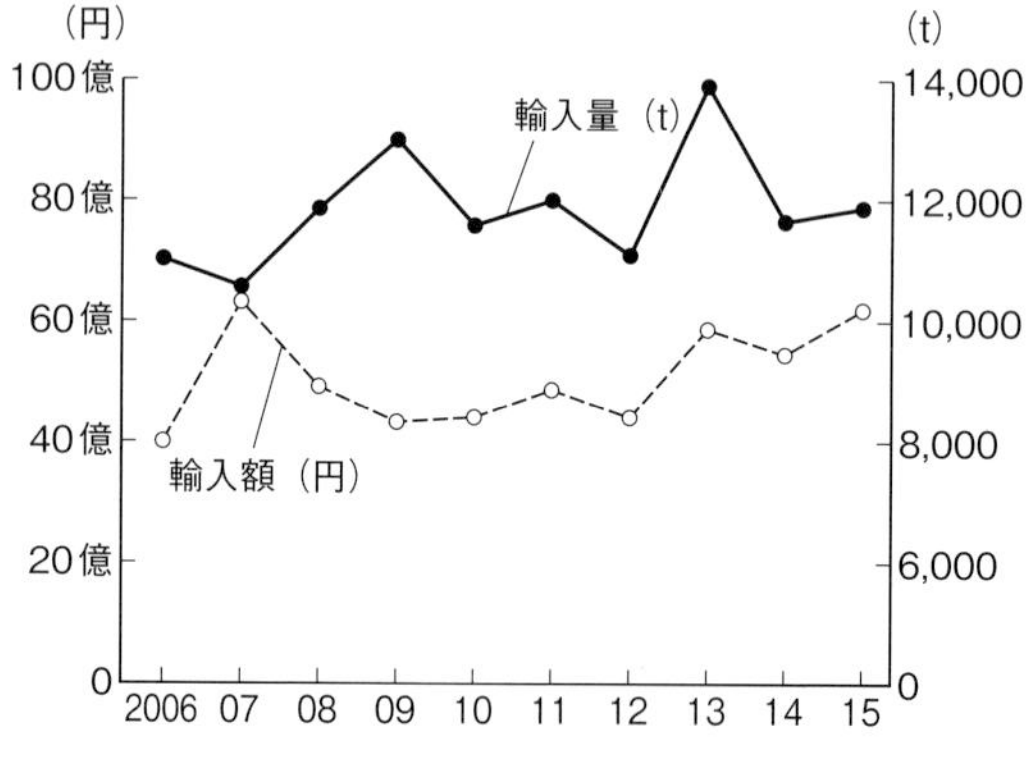

図2−1　乾燥トウガラシ（果実＋粉砕物）の輸入量と輸入額
（財務省「貿易統計」）おちゃのこさいさいHPより
2017年の輸入量は約12,399t，輸入額は約60億円。日本の2016年の乾燥果実生産量はわずか62t。この全量を七味唐辛子にしたとしても200～300t程度にしかならない

現在は中国からの輸入が大部分

国内消費量は約1万tで、その大部分を中国からの乾燥果実の輸入に頼っているのが現状です。国内生産は3%程度ということになります。

輸入された代表的な中国産の乾燥果実「益都《イードゥ》」（写真2－1）は、果実が日本のものよりはるかに大きく、果皮色が濃く茶色っぽく、触った質感も国産の「鷹の爪」などより硬いのが特徴です。また、栽培地の環境や乾燥方法の影響も受けますが、鷹の爪のような香ばしさがなく、やや青臭さがありま

写真2－1　中国の代表的品種　益都

写真2－2　中国の別なトウガラシ品種
上：細長い品種
下：やや細長い品種

す。また、他にも形の異なるさまざまな品種が混ざっており、少し果実を口に入れて噛んでみると、鷹の爪より辛みのないものや、鷹の爪より辛みの強いもの（写真2－2）などばらつきがあることがわかります。

近年はキムチの材料も国産が求められるようになってきたことなどからも、品質のよい国産辛味トウガラシに注目が集まっています。

2 やみつきになる辛みで人気が加速

辛み成分カプサイシンに中毒性がある

トウガラシの辛み成分はポリフェノールの一種カプサイシノイドです。トウガラシを食べると、その中でも、とりわけカプサイシンが痛覚を刺激し、脳内神経から痛みを打ち消そうとエンドルフィンが分泌され、このことがさらに強い刺激を求める中毒性につながります。

苦痛なほど辛いトウガラシを食べることは、MARVEL STUDIOSの映画のヒーローたちが活躍する映画「AVENGERS」で次々と過激なバトルがスピード感を持って展開していくのを見て、痺れるようなスリルが高まっていくことと同様の興奮になります。カプサイシンを摂取するほど辛みへの耐性が強化していき、少しばかりの辛さでは満足できなくなった多くの消費者をターゲットに、激辛商品がヒットしたのも、こうしたカプサイシンの作用によるものでしょう。

カプサイシノイドは、トウガラシの種子付近の胎座と呼ばれる組織にもっとも多く、果実の内側部分にも多く存在します。その含量は品種によって異なり、品種間の交配によって遺伝します（後述するように、カプサイシノイド含量と辛さは必ずしも一致しない）。高カプサイシノイドの鷹の爪を交配の親品種に用いている群はカプサイシン含量が高くなり、逆に低カプサイシノイドの伏見とうがらし（甘長系統）などの交配種では低くなる傾向があります。

たとえば、鷹の爪の総カプサイシン含量は乾物量（g）当たり約６・５mgであることが報告されています。なお、甘味種でも乾物量（g）当たり０・１mg程度のカプサイシンは定量されますが、食味として辛さを感じるほどではありません。

なお、辛さを感じる食味評価は、「スコヴィル単位（Scoville Unit）」（ＳＨＵ）という指標を用いています（粉砕したトウガラシとアルコールによる抽出液からアルコールを除去してカプサイシノイドを精製し、舌が辛味を感じなくなるまで砂糖水で希釈した倍率で食味評価する）。

たとえば、日本の三鷹《さんたか》のスコヴィル単位は５万〜６万ＳＨＵ、とくに辛いことで有名なブートジョロキアは80万ＳＨＵぐらいといわれています。

ちなみに、果実に含まれるカプサイシノイドの量は同品種でも成熟度や乾燥・湿潤などの急な環境変化によって変化します。急激な土壌水分の低下、逆に降雨による過湿が招く根傷みなどが辛みを強めることは、古くから農家が経験的に伝えているとおりです。夏季の高温期に着果した果実にみられる単為結果でも、辛みが強くなることがわかっています。

安定したカプサイシン含量（0・25％以上）の果実を提供するためには、品種の選定だけでなく気象変化の小さい地域で栽培することや、栽培する畑の土壌の選定も重要です。なお、辛みの少ない伏見とうがらしやシシトウの近くに辛味種の鷹の爪を植えて交配しても、鷹の爪の辛みが低下したり、シシトウが辛くなったりすることはありません。

抗酸化作用もある

トウガラシに含まれるフェノール類には高い抗酸化活性があることも知られています。

なかでも、トウガラシ類に含まれているフラボノイドの一つルテオリンは抗肥満・抗糖尿病・抗炎症作用、さらに抗変異源性を持つことが示されています。

ただし、その量は辛味種よりも甘味種で多い傾向、また成熟果では未熟果よりも減少していることが報告されており、乾燥唐辛子よりも野菜の甘長トウガラシのほうが抗酸化活性の指標からは優れていると思われます。

また、トウガラシ類の成熟果の赤い色素・カロテノイドの一つカプサンチンには、カロテン以上の高い抗酸化作用があり、善玉コレステロール（ＨＤＬ）と悪玉コレステロール（ＬＤＬ）の酸化を防ぐことから、生活習慣病予防に役立ちます。
カプサンチンは成熟した赤い果実に含まれ、乾燥の過程で紫外線による分解が進んで減少するものの、加熱による影響を受けにくいことなどから、温かい料理に一味や七味唐辛子を使うと体内に取り込まれやすくなります。

3 おもな売り先は香辛料製造会社——トウガラシの流通販売

乾燥辛味種は販売単価が安定

青果用である甘長トウガラシの販売単価（円／kg）は、市場の出荷規格によって決まります。果実が品種固有の大きさであることはもちろんのことですが、果実の縦径が長い品種ではまっすぐの秀品で約2000円、少し曲がっている優品で約1200円と、出荷規格の違いで単価に約40％もの差があります。

一方、乾燥させた辛味種は果実の曲がりが販売単価に影響を及ぼすことはなく、乾燥重量1kg当たりの販売単価は3000～4000円と高く、香辛料製造会社への出荷規格は辛味種特有の基準が適用されています（30ページ参照）。

徹底した選別で1a 6万8000円の売上

販売単価を安定させるコツは選別です。香辛料製造会社からは、果皮の着色が十分であること、高温により白化した部分や黒ずんだ部分がないことなどがA級品として求められ、もっとも高値で販売されます。果実の一部にわずかな緑色が残っているもの、黒ずんで光沢がなくなったり、一部が日焼けで白化しているものなどはB級品です（写真2－3）。

写真2－3　A級品（上）とB級品（下）
A級品は白化したり黒ずんだ部分がない。B級品は一部にわずかな緑色が残っていたり，黒ずんで光沢がない

国産の辛味種は農家が家族労働によって小面積で栽培し、ていねいに収穫して日陰で乾燥させたのち、果皮に少しでも着色ムラや白化、黒ずみなどがあるものをB級品に分類して出荷しています（図2－2）。そして、選別中に虫による小さな食害も見逃さず、出荷品に

写真2－4　ごま油とトウガラシ（矢印）を使用したラー油

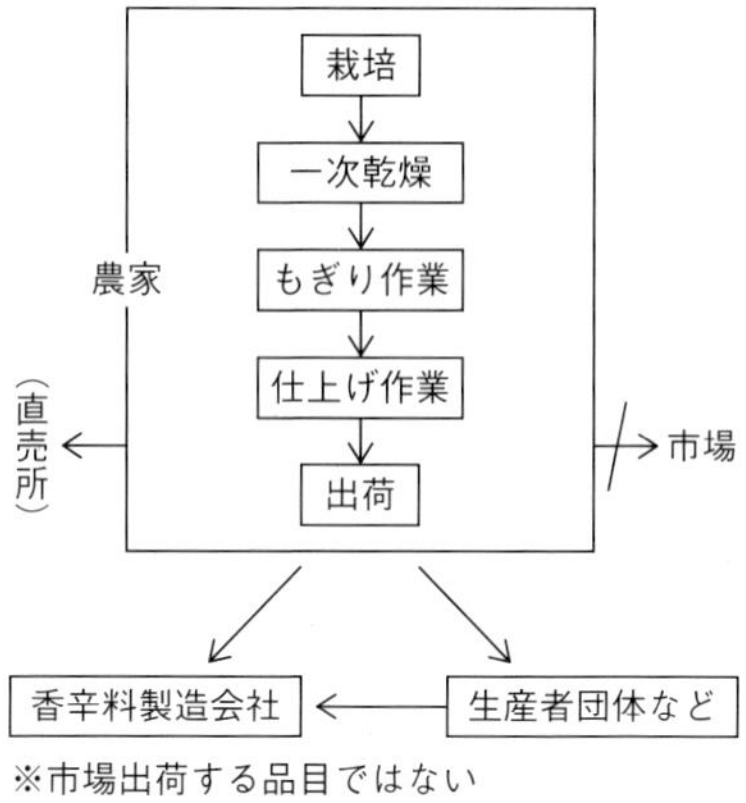

図2－2
辛味トウガラシの栽培から出荷までの流れ

混入することなく廃棄を徹底することなど、「加工用の材料だから出荷規格外でもよい」という姿勢ではなく、高品質のものだけを香辛料製造会社に提供しようという徹底ぶりが販売単価を安定させています。

たとえば、A級品の単価を1kg当たり約３４００円とし1aで20kg収穫すると、６万８０００円の売上になります。

さらに、食品表示法に基づく食品表示基準が２０１７年９月１日に改正され、輸入品を除くすべての加工食品の重量割合上位１位の原材料について、原料原産地の表示が必要になりました。

今後は、七味唐辛子を国産と表示することにより販売価格が安定することが期待されます。

また、七味唐辛子の原料ではなく千枚漬けの赤色の飾りやごま油の辛みづけ用（写真２－４）などの特別な用途もあります。例えば、千枚漬け用は、ガクが緑色で新鮮な色合いで、大きさもほどほどのものが最高級品質とされ、1kg当たり約4400円にもなります。

4 5aでも稼げる隙間作物──トウガラシの適正規模

小規模向きの有利な作物

トウガラシは甘長トウガラシのように施設で栽培して、市場で高価格帯の産地間競争を目指すような品目ではなく、また冷凍食品向けの加工原料用野菜のように作業の機械化により大面積で栽培するような品目でもなく、個別の農家が露地で小規模につくって選別の手間で稼ぐのに有利な作物です。

乾燥するための場所が必要

辛味種の栽培では、栽培する圃場だけでなく、乾燥するための場所や施設が必要になります。たとえば、鷹の爪では開花から収穫まで20～30日なので、2～3週間ごとに十分着色した果実をハサミで一つずつていねいに収穫すると1回で1a当たり3～5kg収穫することになります（6回ぐらいに分けて収穫するので、トータルで1a当たり20kgとなる）。

それを半日陰で一次乾燥するのに3m^2ぐらいの場所が必要です。さらに、果実の水分が半分以下に

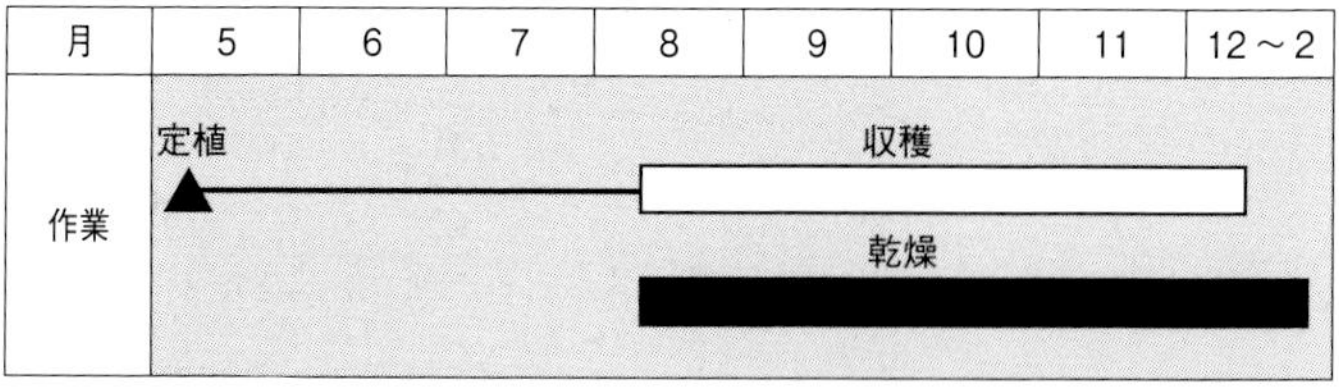

図2−3　鷹の爪の作型図

低下したら室内に搬入、通風乾燥で水分率12%になるまで仕上げ乾燥する必要があります。

このような事情から、辛味種の栽培に取り組むにあたっては、栽培する圃場だけではなく、一次乾燥場所と仕上げ乾燥施設の確保も必要です。

細かな作業が多く、家族2人なら適正規模は5a

さらに、乾燥後にはガクを手作業でていねいに除去する「もぎり」（写真2−5）と呼ばれる根気のいる作業の労力の確保も必要です。

家族2人の労働力で1a栽培すると、収穫に2日、「もぎり」に2日の計4日かかることになるので、労働力に見合った適正な面積は5aほどになります。それ以上の面積を作付けると、本格的な乾燥設備の設置や「もぎり」の雇用労働力の導入などが必要になります。

もし、香辛料製造会社から乾燥重量で100kg以上を提供することを求められた場合は、1戸で5a以上の面積を栽培するような無理をせずに、数戸で品種や管理技術を統一して共同出荷する体制を整えた方が、農家と企業との連携を長く継続することにつながります。

写真2－5　「もぎり」のようす
トウガラシは乾燥後にガクを手作業で除去（もぎり）してから出荷する

隙間作物で新たに参入しやすい

甘長トウガラシを栽培する農家のほうは全国的に見て増加しています。ナス、キュウリなどの夏野菜に比較して収穫作業が重労働でないことなどが、栽培に取り組みやすい理由であると思います。

しかし前述したように、辛味種は収穫後に乾燥と「もぎり」という2工程の手間のかかる作業が必要なため、農家は敬遠しがちです。

また、甘長トウガラシは出荷先市場の出荷規格で販売単価が決まることは前述したとおりです。さらに、全国的な伝統野菜ブームなどもあって市場流通量が増加し、産地間で品質の競争も生じてきました。

一方、辛味種は乾燥・粉砕して利用するので、果実の長さや太さ、曲がり程度、出荷時期の早晩、品種名や産地のブランド性などによって販売価格が影響されることは少なく、各地で農家が技術を競ってよいものをつくるという環境ではありません。そういう点からは、農家が新たに参入しやすい隙間作目といえます。

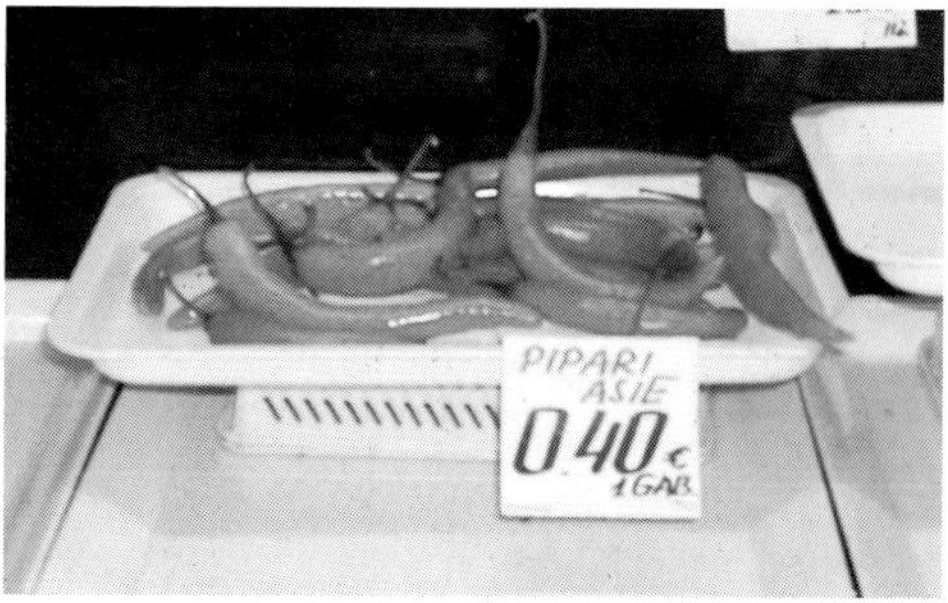

写真2−6　アジアのチリ
ラトビアの首都リーガの中央卸売市場

市場流通しない作目

海外では辛味トウガラシが市場流通しており、たとえばラトビアの首都リーガの中央卸売市場では、採れたての新鮮なトリニダートスコーピオンやブートジョロキア、アジアのチリ（写真２−６　chili asian）と称されたものまで普通に売られています。アジアのチリを売っている店の主人によると「それほど辛くない」とのことなので、おそらく「カイエン」という辛みの弱い系統だと思われます。

日本ではこのような新鮮な辛味種が市場に出回ることはめったにありません。その理由として、①生鮮の辛味種を家庭での調理に用いることはあまりないこと、②乾燥や「もぎり」など

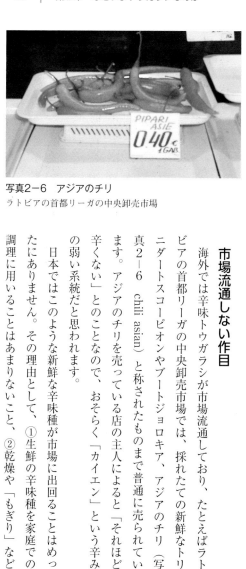

を経た加工品は香辛料製造会社に直接納入されることなどがあげられます。

5 生も、直売所もおもしろい

新鮮な辛味種にも潜在的な需要はある

しかし、国産の新鮮な辛味種を求めている人はいます。調理師や料理店の経営者が業務用に調理の材料を個人経営の八百屋に仕入れに来ているのをみかけることがあります。潜在的な需要量は実需者と農家の直接の取引でまかなえる程度かもしれませんが、今後は新しいメニューの開発にともなって需要は増えると期待しています。

直売所での販売もおもしろい

なお、直売所で辛味種の乾燥果実を10～20本ずつ個包して販売している事例もあります。とくに関東から東北地方では一つの棚を占拠するくらい大量に売られていることもありま

写真2−7　直売所のさまざまなトウガラシ商品
（群馬県，編集部撮影）

す（写真2—7）。

また、そんなに多くありませんが、農家が自分で乾燥果実を粉砕し、七味唐辛子を調合して販売する事例もあります（口絵2ページ参照）。会社に委託調合して独自ブランドで販売する事例は6次産業化の一つとして行なわれており、辛味トウガラシの販路を広げるチャンスでもあるのです。

緑色の新鮮な辛味種で個性的な味覚を

また、着色していない緑色の新鮮な辛味種も新たな需要を喚起するチャンスがあります。「ゆずごしょう」のようにすりおろして調味料として利用するなどすれば、需要量は多く見込めないかもしれませんが、「甘みや旨みがなくさっぱりと辛い」個性的な味覚が売り物になるでしょう。

6 栽培も容易、初期投資も少なくてすむ

夏野菜のような支柱は不要

辛味トウガラシの栽培に、大きな直管パイプなどの支柱は不要です。経費も他の夏野菜より低めですみます。辛味種の栽培はそんな資材費や経費をかけたくない農家に向いています。

「八房《やつぶさ》」など代表的な辛味種は草丈が40～60cmと低く、これらよりやや草丈が高い本鷹《ほんたか》や鷹の爪でも

60～80cm程度です。人の背丈より高く伸びるナスやキュウリのように、枝が折れないように大きな直管パイプなどの支柱を立てて、プラスチック製の誘引ヒモやテープなどにより新梢を上向きに誘引するといった作業は不要です。

枝折れを防ぐためのよくみかける仕立て方法として、次のような方法があります。

分枝しない八房は強風などで株が倒伏しないように竹串などを使って支えておきます。また、鷹の爪、本鷹などの分枝する系統は、長さ80cm程度の木か竹製の支柱をうねの両端に2本ずつ立てて、10cm目合いで幅80～100cmくらいのフラワーネットを地面から40～50cm程度の高さで水平に張っておく方法をすすめています（口絵4ページ参照）。

著者らが京都府京田辺市の障害者福祉施設「さんさん山城」で行なっている仕立て方法は、キュウリの施設栽培の仕立て方をまねて、3～5本の新梢をうねの方向に対して水平になるよう誘引して草形を垣根のように平面的に仕立てています。このようにすることで、成熟した果実の位置がよく見え、またハサミを持った手を株の内部に挿し込まなくても収穫できるため、収穫作業を効率的に行なうことができます（18ページ参照）。

果実が軽いのもいい

また、1日の収量が1a当たり3～5kgほどなので、収穫物を入れたコンテナなどを持ってうね間を移動するのも他の果菜類に比べてラクに行なえます。

したがって、今まで果菜類を栽培した経験がない、直管パイプなどの資材を保有していない、軽作業で管理できる品目しか栽培できないといった農家には最適な作目といえます。

また、市場出荷ではないので、出荷規格別の選別作業と箱詰め作業が不要で、出荷箱やトレイなどの出荷関連の経費も少なくてすみます。

7 病害虫被害も少ない

作付場所を毎年変えて減農薬栽培

ナス科果菜類は梅雨頃に疫病、梅雨明け後には青枯病という土壌病害が発生することがあります。甘長トウガラシでは、それら病害に対する抵抗性を持つ台木に接ぎ木した苗を利用することで病気の発生を防ぎますが辛味トウガラシには不要です。接ぎ木苗は購入費用が高いので、甘長トウガラシに比べて売上の少ない辛味種には使えないということもありますが、そもそも辛味種は露地での小面積栽培に適しているため毎年場所を変えて作付けすることが可能です。このため、接ぎ木苗を用いなくても自根の実生苗による栽培でも病気の被害もほとんどなく、種苗費も少なくてすみます。

ただし、前作が同じナス科野菜であったり、ナス科でなくても前作終了の直後に間をおかず残渣や雑草をすき込んでうね立てし、苗を植え付けるなどした場合には、白絹病など他の土壌病害の発生に注意が必要です。

収穫ピークが盛夏を過ぎるので病虫害が少ない

また、甘長トウガラシでは8月に収穫最盛期を迎えて株の勢いが衰えるために、うどんこ病やハダニ類の被害が拡大するのに対して、収穫のピークが9月以降になる鷹の爪、八房ではそのような被害はあまりみられません。

第3章 トウガラシとは

国産の乾燥辛味種に注目が集まるトウガラシですが、そもそもトウガラシとはどんな作物なのでしょうか。そのルーツからみてみると、世界的な広がりを持った重要な品目であることがよくわかります。

1 トウガラシの原産地と来歴

原産地は中南米

トウガラシ類は中南米原産で、熱帯雨林地帯から乾燥地帯まで幅広く分布していました。その名称は古代インカで「アヒ」、アステカでは「チリ」などと呼ばれ、現在の南アメリカやメキシコでも同じ呼び名です。

それがコロンブスの新大陸発見によりスペインに持ち込まれ、スペイン人が「チレ」と呼ぶようになったと伝わっています。

コショウの代用品としてヨーロッパ全土に広まる

ヨーロッパで、トウガラシ果実を乾燥させて粉末にしたものが各地に普及するまで、中近東地域から地中海を通じて取引されていた黒コショウ（コショウ科のコショウの実を乾燥させたもので、いわゆるブラックペッパー）の仲間と混同されていました。そのため、ペッパーという名で呼ばれるようになったものが、植物名として定着したものと考えられています。

トウガラシは当時のヨーロッパではコショウの代用品としてたいへん貴重な香辛料となり、瞬く間にヨーロッパ全土に栽培が広まりました。

ヨーロッパ各国の呼び名

当時のギリシャの香辛料商人は、トウガラシの果実をコショウの果実と区別するため、チリ・ペッパーと呼ぶようになりました。また、イギリスではレッドペッパー、ドイツではインディアニフヒェル・プフェッフェル（インド産のコショーを意味する）と呼んでいました。後に、ハンガリーではパプリカ（paprika）と呼ぶようになりました。

なお、パプリカとはハンガリーでトウガラシをおもな成分とする調味料の名称で料理用語でした。しかし現代のヨーロッパの多くの国では、辛み、甘みにかかわらずすべてのトウガラシをパプリカと呼ぶようになっています。

そして、トウガラシは各地の食文化と溶け合って独自の料理が生み出されました。代表的なものにスペインのアヒージョ、イタリアのペペロンチーノ、ハンガリーのグヤーシュなどがあります。

❷ 日本への伝来と広がり

トウガラシの伝来で七味唐辛子の発明へ

トウガラシの日本への伝来は16世紀、鉄砲とともにポルトガル人が伝えたという説と、豊臣秀吉の朝鮮出兵の際にポルトガルから伝来していた種子を日本に持ち帰ったという説が有力です。ただし、これらの説の他にも豊臣秀吉側が朝鮮半島にトウガラシをもたらしたという説もあるなど、16世紀中頃から17世紀初頭に伝わったこと以外は明確なことはわかっていません。

しかし、伝来の後の普及は他の外来野菜とは比較にならないほどの速さであったといわれています。このことは、日本独自の香辛料である七味唐辛子の発明と深いかかわりがあるようです。

京都では、17世紀中頃に清水寺近くの「河内屋」で白湯にトウガラシの粉をふりかけた『からし湯』が参道を通行する人に提供されていたことなどから、江戸での七味唐辛子の発売（1630年頃）からすぐに京都へ伝わったと思われます。

七味唐辛子の起源は「内藤とうがらし」

16世紀中頃に後の甲州街道の宿場となる内藤新宿（現在の新宿御苑付近）で栽培が広まったのが

「内藤とうがらし」です。この果実を乾燥させて粉砕したものをそばにふりかけて食すことが後の七味唐辛子の起源になったとされています。

当時の日本では、干して乾燥したトウガラシ果実を粉砕し、「南蛮」や「高麗胡椒」と称した香辛料を製造して、そばやうどんの薬味に使用していました。このことから、当時の日本に伝来したトウガラシの多くは甘味種ではなく辛味種の香辛料だったと思われます。

七味は江戸時代の１６３０年（寛永２年頃）に両国の薬研堀《やげんぼり》で辛子屋を営む中島徳江門が辛味種の果実粉砕物と数種の薬味を混ぜて「七味唐辛子」と称して販売したのが始まりとされています。18世紀になって江戸で現在の細く切っただそば麺である「そば切り」が流行りだしました。それまで、そばの形状は実（種子）を砕いて湯でこねた「そばがき」といわれるものに味噌などをつけて食べていました。その後、つなぎとして小麦粉を使う技術が大陸から日本に伝わったことにより麺を細く切って茹でても煮崩れしにくくなり、現在のような麺になりました。七味唐辛子が流行するまで、大根の搾り汁や鰹節、わさびなどをふりかけていたとされていますが、今までにないピリッと辛い薬味である唐辛子は瞬く間に人気が広がったようです。

当時の江戸には数千ともいわれるそば屋や屋台があり、そばと七味唐辛子は街道と宿場町の発展による物流にともない全国に広まりました。信州では信濃の国の名物の代表格になりました。

カコミ　三大七味の特徴

江戸時代から続く、長野の「八幡屋礒五郎《やわたやいそごろう》」、東京の「薬研堀」、京都の「七味家」が三大七味と呼ばれています。

それらの特徴は、西へ行くほど辛みがマイルドになる傾向があります。長野県の善光寺前の有名な「八幡屋礒五郎」は、1736年に初代室賀勘右衛門が境内で七味唐辛子の販売を始めたことが起源であると伝わっていますが、その七味は、東京（江戸）の「薬研堀」のものよりも唐辛子の配合が少なく、替わって生姜が加えられて辛みがマイルドになっています。京都の「七味家本舗」は陳皮を使用せず、替わって青のりと白ごまが配合され、さらに低刺激です。

次に、京都の七味についてくわしくみていきましょう。

出汁の味の違いが七味の風味の差に

江戸で発達したそばの出汁は鰹節を長時間たく（煮る）ためイノシン酸が多く、旨みの強い濃口醤油を使用します。それに対して、関西ことに京都では昆布出汁を多く使用するため、グルタミン酸の旨みが淡口醤油と合います。この出汁の味の違いが七味の風味の差に影響を与えていたと思われます。

さらに、昔も今も京都では出汁でいただくうどんや丼に山椒をふりかける習慣があります。

辛み重視の江戸、風味を重んじる京都

これら薄味の出汁でいただくうどんの持ち味を損ねないよう、京都の七味唐辛子は辛みよりも風味を重んじています。うどんと七味唐辛子から漂う香りは店内に甘く広がり、これからおいしくいただく期待感を高めてくれます。

トウガラシ類の香気成分は2-メトキシ-3-イソブチルピラジン（脂溶性・水溶性成分）、山椒の香気成分はシトロネラール（脂溶性成分）で、ともに油に溶けやすく、薄揚げや玉子の脂肪分と絡み合って嗅覚を甘く刺激し、その風味は「京都の七味やなぁ」と声が聞こえてくるようです。

独特の風味へ発展

その後、「河内屋」では山椒やごま、麻の実などの薬味を独自の配合で加えていきます。19世紀初頭には文字通り「七味家」と店名を変え、現在の「七味家本舗」となり、数々の商品ラインナップ開発に至っています。

他にも、京都では青のりや実生柚子などを配合するなどして、辛みはほどほどに抑え、他所にはない独特の風味のある七味ができました。

また、祇《ぎ》園《おん》原《はら》了郭《りょうかく》は18世紀初頭に祇園社門前に開業し、漢方の処方によって配合前の薬味を焙煎することや、配合してから薬味どうしがなじむまで揉捻する技術を考案し、独特のしっとりとした濃い茶色の色合いの黒七味を生み出しました。

黒七味は、薬味それぞれの形や色が区別できないだけでなく、配合した薬味全体が一つに融合することで初めて醸される鼻から抜けるような香りが、まさに京都にしかない奥深さを感じさせてくれます。

これらの伝統技術を現代に伝承する老舗店舗は清水寺、八坂神社、北野天満宮など神社仏閣の近く、参道などにあったことも全国にその特徴ある商品が伝わった理由の一つと考えられます。

北野天満宮参道一の鳥居前の加藤商店と長文屋《ちょうぶんや》では、お客の好みに合わせて七味「唐辛子、山椒、麻の実、白胡麻、陳皮、青紫蘇、青海苔さらに芥子の実」の配合を変えることができる、自分だけのオリジナル七味づくり体験というサービスも提供されています。

第4章

トウガラシの品種と生育の特徴

1 世界のトウガラシの分類

栽培種は5種

ナス科植物であるトウガラシ（*Capsicum* 属）の栽培種は5種あり、*C.annuum*（ピーマン、パプリカ、ハラペーニョの他、鷹の爪や八房など日本の栽培品種のほとんど）、*C.chinense*（ハバネロなど）、*C.frutescens*（沖縄の島とうがらし、キダチトウガラシ、プリック・キーヌーなど）、*C.baccatum*（アヒなど）、*C.pubescens*（ロコトなど）のうち、アメリカ大陸からヨーロッパへは *C.frutescens* 以外の4種のトウガラシが伝わりました（図4－1）。

辛味種と甘味種から多くの品種

なかでも *annuum* 種がもっとも広範囲に伝搬し、こ

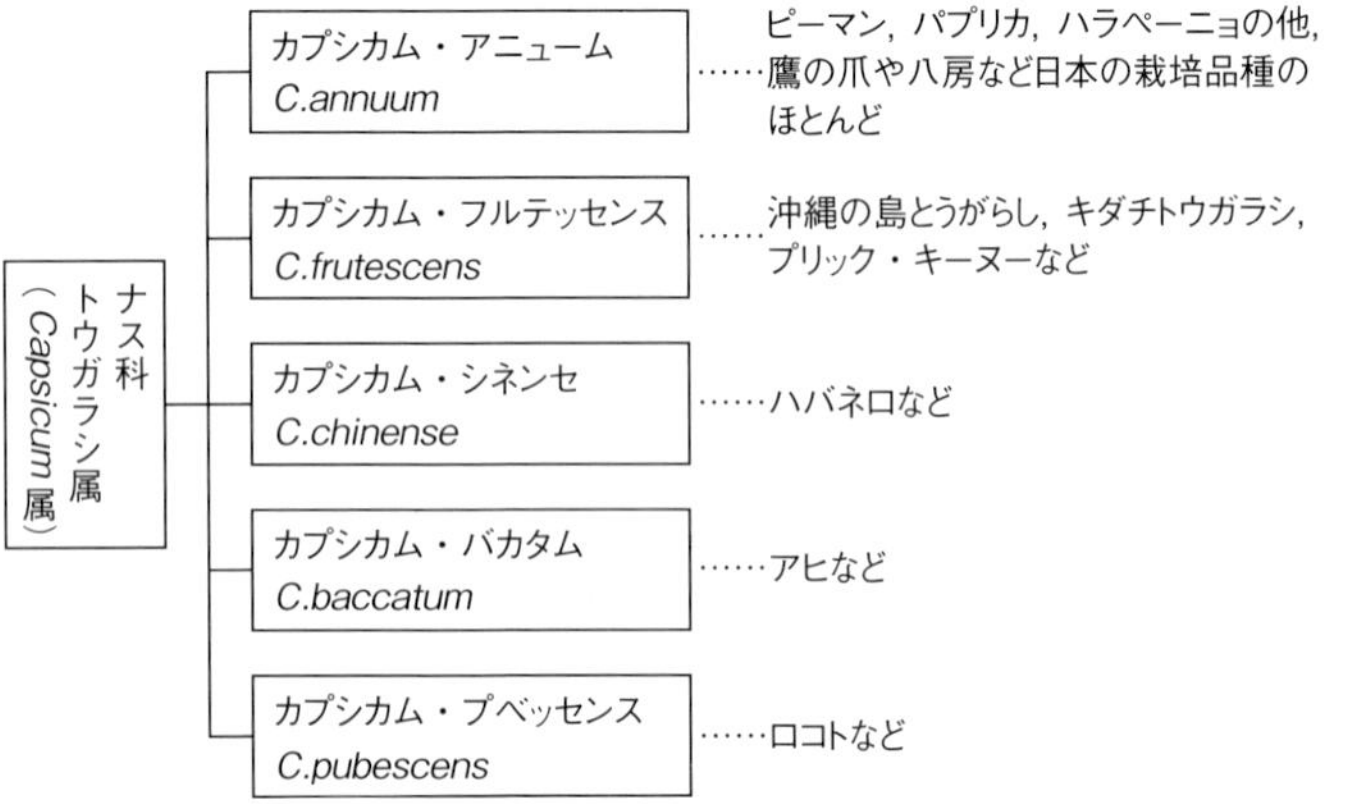

図4－1　トウガラシの分類

の後に遺伝的に辛みを発現する辛味種と発現しない甘味種に分かれて多くの品種が生み出されていきました。

甘味種や辛味種の中でも辛味程度の低い系統は香辛料ではなく野菜の一つとしてスイートペッパー（sweet pepper）と呼ばれるようになりました。それらの中でも大果種をフランスではピメント（piment）と呼び、それが現在のピーマンという名称になったとされています。

トウガラシとピーマン

日本に伝わったトウガラシは*Capsicum annuum*の1種のみでしたが、辛みの有無や果実の形から、現在においても辛味種をトウガラシ、甘味種をピーマンと呼んでいます。一般的には、トウガラシは果実が小さく辛みがあるもの、ピーマンは果実が大きく辛みがないものと分類しています。

しかし、トウガラシと称されるものの中にも辛みの程度に大差があることや、大きくベル型の品種のものにも辛みがあるものもあり、トウガラシとピーマンとのはっきりした区別はありません。

しかし日本においてもピーマンの消費量が増加し、果実の縦径が長い品種と欧米の大果種との交配種が普及して広く栽培されるようになってきたため、甘味種の大果をピーマンと呼ぶようになりました。

❷ わが国のトウガラシ品種と分類

「成形図説」に見るトウガラシ品種

江戸時代の書物「成形図説」（図4－2）に蕃椒《タウガラシ》と題して当時のトウガラシの品種とみられる大果群、八房、鷹の爪、獅子群が描かれています。

果実の大きさは長くて太いタイプと小さくて細長いものの2タイプがみられます。着果の向きが上向きと下向きの2タイプ、主枝が分枝する腋部に節成りするものと生長点に近い節の2タイプ、節ごとの着果数が一つのものと数個が穂を形成するものと2タイプに分かれています。

主流系統は現在の鷹の爪、本鷹、八房

図中の中央やや右に大きく描かれている現在の鷹の爪に近い着果習性を示す草姿のものには、果実の先端が尖るものと獅子口のもの、また熟した果色が赤と黄のものが描かれています。さらに、文中には鷹の爪と称した果実の形状を詳細に記述しています。

また、図の真ん中下には現在の本鷹《ほんたか》と同様の着果習性である分枝節の腋部に上向きに着果するものが描かれています。

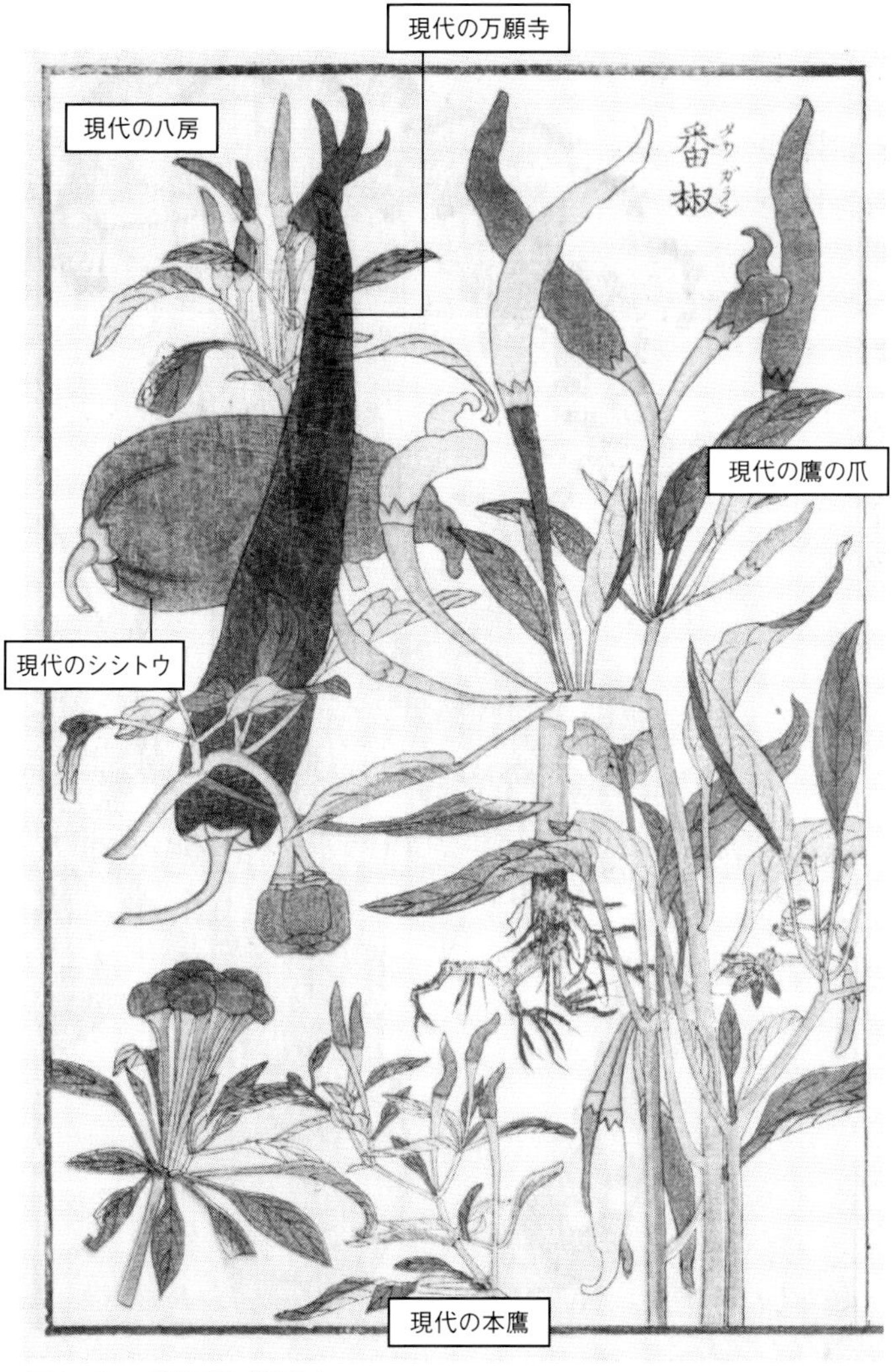

図4−2　成形図説「蕃椒」

さらに、図の左上には生長点付近に花穂が上向きに着生する現在の八房と同様の姿が描かれており、これら鷹の爪、本鷹、八房が当時の主流をなす系統で、他にも多数の系統があったと察するところです。

日本には複数の系統が伝来していた

「成形図説」の中で、1種類の野菜でこれほど多くの異なる形態が描かれているのはトウガラシだけで、複数の遺伝的形質を持った個体が日本に伝来していたことがうかがわれます。

そして、これら系統ごとの自家受粉による固定種や系統間で交配して育成したものの中から、色の鮮やかさや香りのよさを指標にして優良な形質を持つ系統を見つけて、全国各地で地方特有の品種として保存され、現在の日本に伝わる品種群が誕生したと思われます。

伝わっている江戸時代の呼び名

なお、その呼び名については「成形図説」の文中に、九州地方では「胡椒」、東北地方では「南蕃」と称すことが記されています。

現在でも中部地方の一部と中国地方および九州地方では「こしょう」、その他の地方では「なんばん」と称されることが多く、岐阜県飛騨美濃の伝統野菜「あじめこしょう」、青森県弘前市の在来系

図4－3　全国各地に根付いたトウガラシの例

統「清水森《しみずもり》ナンバ」や新潟県長岡市の伝統野菜「かぐらなんばん」など当時の名称が伝わっています。

「かぐら」という名称が使われることも多いですが、「シシトウ（獅子とうがらし）」のように果実の先端が少しくぼんで獅子舞の御神楽を思わせることが「かぐら」と呼ぶ由来になったそうです。

現在も辛味種が主流で、韓国の系統が加わる

現代でも、日本の辛味種の栽培系統の主流は、「鷹の爪」

か、鷹の爪と八房との交配種が多く、果実が細長い形で小さく、草姿は低木で開張性という特性に対応するよう、栽培に適した地域で作型や栽培技術が組み立てられています（品種は「鷹の爪」「八房」「栃木三鷹」などの他、青果用・加工用の兼用に「日光」などが用いられている）。

近年、果実が比較的大果で、草姿が立性で草丈が高く、節成り性という韓国から導入した辛味種の系統も増えています。「F_1大紅とうがらし」（中原採種場）、「F_1カンコクトウガラシ」（藤田種子）、「宇治交配PRうまから」（丸種）などです。日本での栽培適地の選定や増収技術、省力化技術などについては今後の研究開発を期待するところです。

辛みのない系統は当時の本流ではなかった

一方、辛みの少ない系統についても「成形図説」文中に甘唐辛子という記載がありますが、図中には現在の伏見とうがらしやシシトウのような節成りで下向きに一つずつ着果する草姿が描かれていないことから、これらの辛みのない系統は当時でいう蕃椒の本流ではなかったことが推察されます。

文中では、辛味種を生活の中で利活用する方法や、辛いものを食べすぎることは体によくないことなどが説明されており、当時の日本ではトウガラシは野菜ではなく香辛料としての利用が中心であったようです。

江戸時代に平賀源内が書き記した「蕃椒譜」には21種類ものトウガラシが描かれ、その特徴が書き加えられていますが、辛みがないのはわずか一つしかありません。

野菜としての利用は甘味種が普及してから

同じく当時の書物である「毛吹草《けふきぐさ》」や「雍州府志《ようしゅうふし》」に、現在の京都府山城地域での伏見とうがらしの栽培の記録があります。これは伏見辛といわれていた辛味種のことで、後にシシトウと交配して現在の甘長系統の伏見とうがらしが育成されたのではないかと考えられています。

トウガラシが野菜として利用され始めたのは現在の伏見とうがらしのような甘味種が普及してからで、他の夏野菜であるキュウリやナスなどに比べると歴史は新しいほうに入ります。

❸ トウガラシの品種別草型の特徴と栽培のポイント

辛味トウガラシの品種はその結果習性からいくつかの草型タイプに分けることができます。栽培方法と収穫方法もこのタイプごとに異なります。代表的な品種の八房のような一斉収穫タイプと、鷹の爪のような順次収穫タイプに分けることで品質のよい果実をより多く収穫することができます。

芯止まり房成りタイプ（八房など）

果房の収穫が終わるまで新梢は伸びない

八房などの品種は、苗定植の1カ月後に10～15節生長した頃に新梢先端に房状に花が着生し、草丈30cmほどで芯止まり状態になり、果房の収穫が終わるまで新梢は伸長しません（図4－4）。有名な栃木県特産の栃木三鷹も同様の生長をします。

支柱	仕立て方
分枝せず1本のままなので，長さ30cmぐらいの支柱のみ	先端の下位5～6節を残して，それより下の節から発生するわき芽は切除する
うねの上30cmぐらいに地面と水平にフラワーネット（10cm目合い・6目）を張る。収穫の上昇に合わせてネットを上げていく。または，キュウリネットをうねの中央に設置して，主枝2本を垂直に誘引する	主枝V字型2本仕立て。主枝は節ごとに房状に着果しながら伸長する
同上	同上
キュウリネットをうねの中央に設置，またはナスの用にマイカ線をうねの上20，50，80cmに張りPPヒモなどで主枝2本を垂直に誘引する。側枝は20～30cmで摘芯	主枝V字型2本仕立て。主枝は節ごとに1～2個ずつ着果しながら伸長する
	V字型2本仕立て。主枝が1m以上に伸長したら先端を摘芯し，側枝の発生を促す

表4−1　栽培・収穫方法のポイント

タイプとおもな品種	栽培のポイント	草丈	着果スタイル	株間(cm)
芯止まり房成りタイプ（八房など）	気温低下前の10月に一斉収穫できる。増収には，芯止まりした新梢先端下のわき芽を残すと11月まで順次収穫できる	極わい性。立性で着果節は節間が狭い	開張性。主枝先端に果実が上向きで5，6個房状に成る	30〜40cmぐらい
分枝房成りタイプ（鷹の爪など）	1mの支柱に誘引して，8月から12月まで順次収穫。A品を増やすには，2週間おきに一つずつ果実を収穫	わい性，開張性	節成り，細小型，3cm程度で上向き	60cm
芯立ち房成りタイプ（熊鷹など）		同上	同上	60cm
分枝節成りタイプ（伏見辛，本鷹など）		1mも伸長する，半開張性	節成り，長大型，10cm程度で上向き	100cm
立性タイプ（F_1品種など）	上の3タイプに準じるが，草丈が高くなるので，作業者の身長ほどの高さの支柱に新梢を常に上向きに誘引し，順次収穫する。A品を増やすには2〜3日おきに一つずつ果実を収穫	立性で草丈が高く，節成り性	10〜15cmで下向き。節成り性	100cm

これらの共通した特徴は、花の着生と着色開始が早いため、4月に苗を植えることができれば、早く着色した果実の収穫は7月から8月になります。また、房状に着果した10数〜20個の果実を10月に一斉収穫する方法もあります。

気温が低下する前に一斉収穫する

しかし、苗の定植時期が6月に遅れるなどで生育が遅れ、加えて秋の低温が早く訪れると、せっかく着果しても着色が不十分で全体が赤くならない場合があります。

トウガラシの成熟に及ぼす積算温度に関する研究報告は少ないのですが、低い温度域においては成熟が進みにくいと思われます。これらの品種群は関東から東北地方において、古くから産地が形成されていることから、秋になって気温が急に低下する前の一斉収穫の作型が適しているといえます。

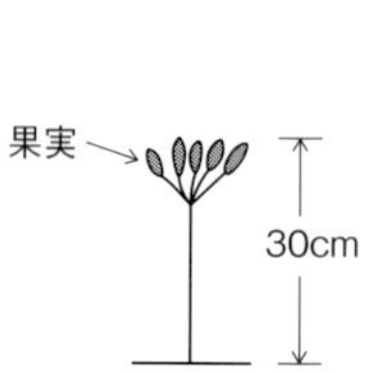

図4−4
芯止まり房成りタイプ（八房など）の着果イメージ

分枝房成りタイプ（鷹の爪など）

花が房状に着生後1カ月は生長が止まったように見える

現在、もっとも多く用いられている鷹の爪などの多収品種は、苗定植の1カ月後の10〜12節生長した頃に新梢先端が2本に分枝して、その腋部に第1花が着生します（写真4−1）。

鷹の爪は、第1果が着生した次の分枝に10個前後の花が房状に着生したら、1カ月ほどは生長が止まったようになります。房状に着果した分枝の先端を細かく分解してみると、先端は2つに分枝して、その腋部に房状に着果していることがわかります。

そして開花から3～4週間後に果実の収穫を始める頃に分枝した新梢がゆっくり伸び始めて、まるで果房の中から新梢が出てきたかのように見えます。この後も同様のことを繰り返し、12月中旬までに草丈が70cm程度に達し、1株から6房ぐらい収穫できます（図4－5）。

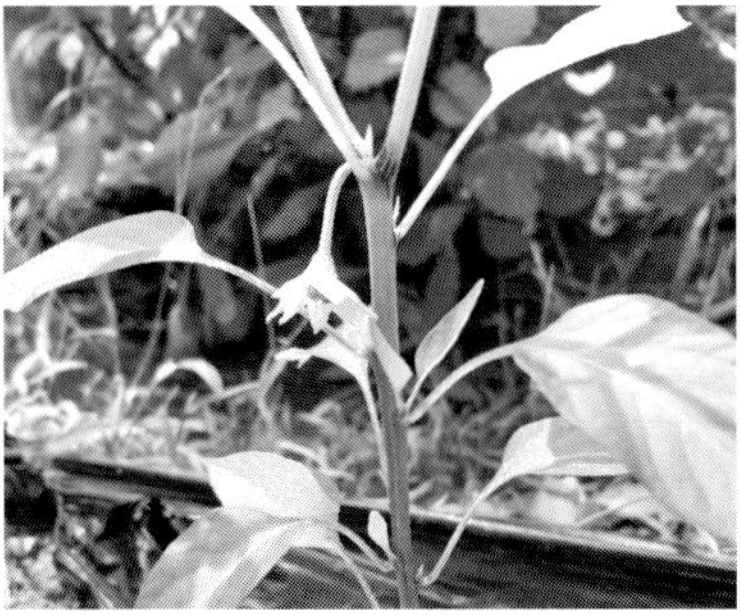

写真4－1　第1花（H）

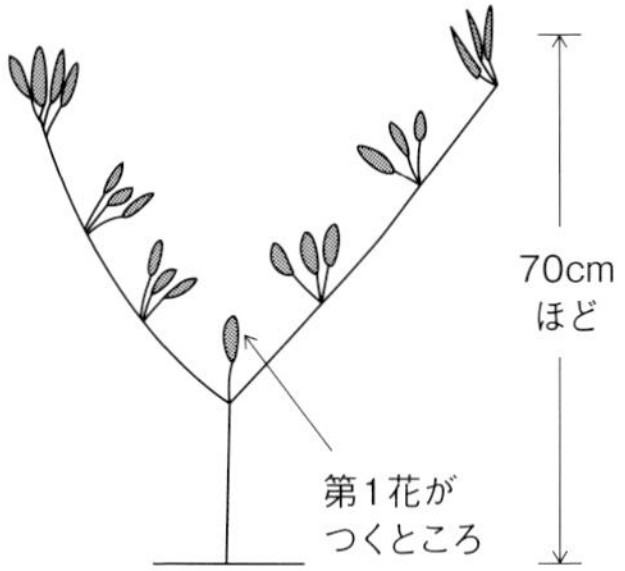

図4－5
分枝房成りタイプ（鷹の爪など）の着果イメージ

倒伏防止策と草丈の抑制が重要

このタイプは草丈が伸びて台風などの強風による倒伏の心配があるので、支柱や枝の誘引によって倒伏防止策を徹底する必要があります。そこで、草丈を50cm程度になるよう低く仕立てて、倒伏を軽減する方法も検討しています（写真4―2）。分岐部より下の節から発生するわき芽を数本残しておき、わき芽を伸ばして着果させることで生育初期の着果負担を大きくして分岐した枝の節間を短くし、草丈を50cmまでに低くすることができます。

日当たりのよい畑で栽培

なお、鷹の爪の栽培は日当たりのよい場所であることが重要です。北向き斜面の農地や建物の陰になるような条件で栽培すると、1房当たりの花数が減少して、枝ばかりが伸長してしまい草丈が伸びて倒伏しやすくなります。

写真4－2　倒伏対策
わき芽に着果させることで草丈を50cm程度になるよう低く仕立てて，倒伏を軽減する

芯立ち房成りタイプ（熊鷹など）

熊鷹は、芯止まり房成りタイプと分枝節成りタイプの中間の草姿を示す品種です。

新梢先端に房状に花が着生し、草丈30cmほどで芯止まり状態になり、果房の収穫が終わる頃に分枝の片方だけが長く伸長し、3～4週間後に再び房状に花が着生します。その果実の収穫が終わる頃には、また分枝の片方が伸びて同じように着果するので、草丈は60cmほどになります（図4−6）。

分枝節成りタイプ（伏見辛、本鷹など）

分枝するごとに着果

本鷹は、分枝するごとに腋部に一つずつ着果します。新梢の伸長は果実肥大中も停止することなく、次の分枝には新たに開花している状態になる

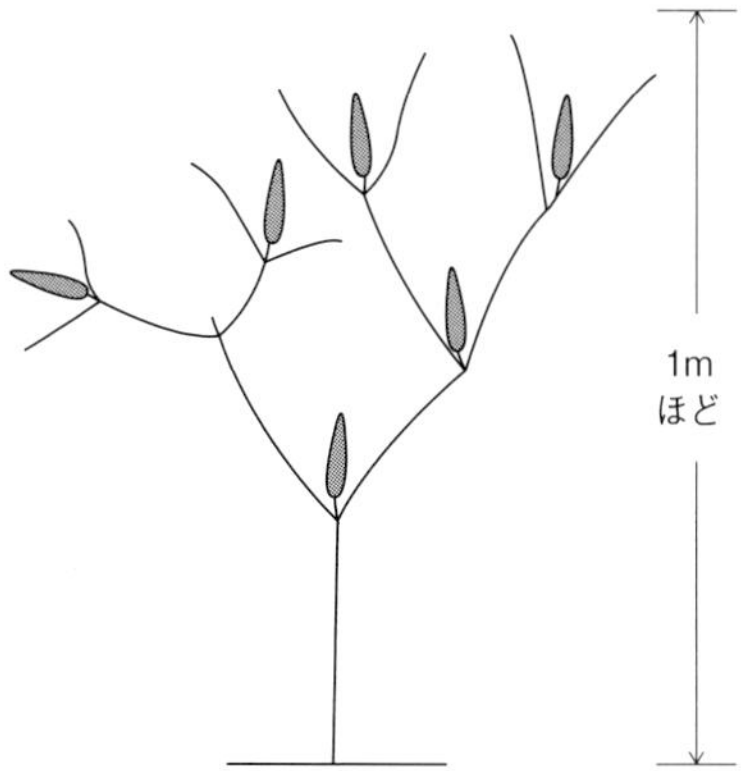

図4−7
分枝節成りタイプ
（伏見辛，本鷹など）
の着果イメージ

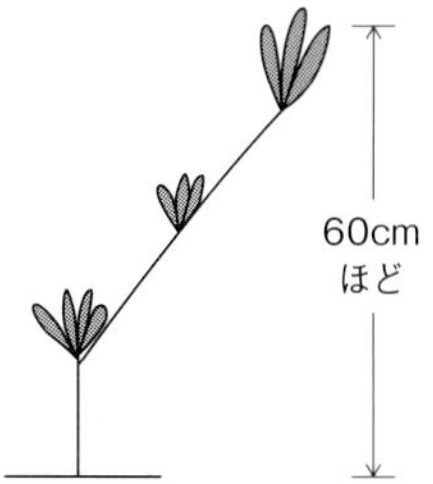

図4−6
芯立ち房成りタイプ
（熊鷹など）の
着果イメージ

ため、草丈は1mほどになります（図4－7）。分枝するごとに着果するため、株の上のほうの節位では花が咲き、中ぐらいの節位では果実肥大中、それより下位節には着色した果実が分布するようになります。

果実はふっくらして長い

このタイプの果実は鷹の爪や八房よりもややふっくらとして長く、有名な香川県の「香川本鷹」の産地では収穫したての果実を生のままおいしく食べられるのではと錯覚するほど、見事な色と大きさのものを見ることができます。

なお、昭和中期頃まで鷹の爪もこのタイプで、成形図説に描かれているとおりの草姿でした。しかし、早生性や多収性を求めて交配種を育成する過程で、鷹の爪は前述した分枝房成りタイプが大部分を占めるようになり、今では節ごとに一つずつ着果する鷹の爪をみかけることはあまりありません。

葉果比が常に大きいので果実も長くなる

本鷹は鷹の爪も含めて西日本の比較的温暖な地域に産地が形成されてきました。これらの新梢は八房のように芯止まりせずに分枝した腋部に着果しながら伸長し続けるので、果実数に対する葉数の比率（葉果比）が常に大きく保たれます。このため果実間の養分競合が八房ほど著しくはないことから、自然と果実の大きさは6cm以上には維持されていると思われます。

気温が低下しても日照があれば着色が進む

なお、鷹の爪、本鷹などは八房に比べて開花期がやや遅いので収穫初期の収量は少ないです。しかし、12月になって気温が低下しても日照条件がよければ着色が進むため、総収量は八房より多くなることもあり、そのような条件が揃った西日本の平坦地では適地適作であったといえます。

立性タイプ（F₁品種など）

新梢の伸長が速く、草丈は1mほどに

韓国のトウガラシなどを交配親に用いた一代雑種の品種などは、伏見辛と同じように苗定植の1カ月後に10～12節ほどに生長した頃、新梢先端が2本に分枝して腋部に第1花が着生します。

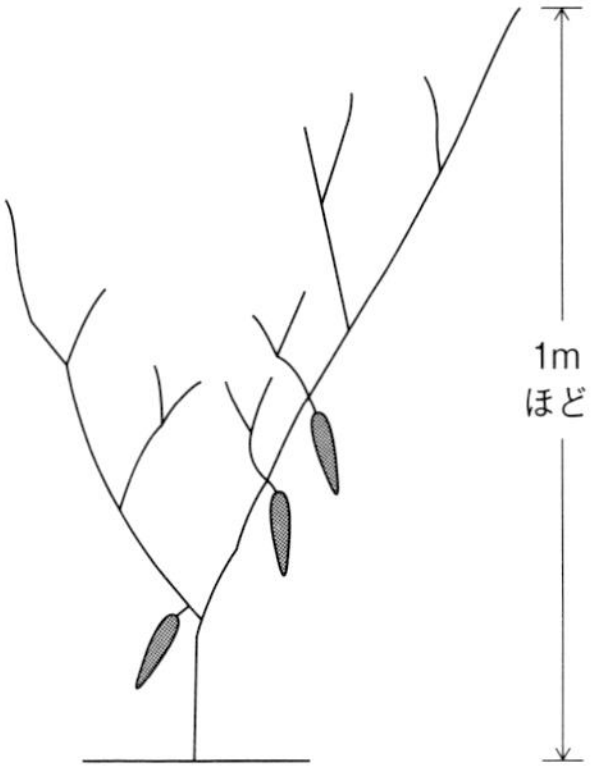

図4－8
立性タイプ（F₁品種など）の着果イメージ

立性タイプの品種の大部分は果実先端が下向きに着果します。その後、鷹の爪などに比較すると新梢の伸長は速く、節間は長く、次々と分枝するため夏までに草丈1mほどになり、枝葉が過繁茂の状態になってしまいます。

枝折れ、倒伏防止が必須

また、そうなると収穫に時間を要したり、大きい果実の重みで枝が折れたり、強風で倒伏したりするなど、前述のタイプとは異なる問題が発生します。

そこで、人間の背丈ほどの支柱を立てて、新梢を上向きにまっすぐ伸ばして誘引する作業が必要になります。

さらに、分枝した新梢が下向きに垂れると、先端の伸長が止まり果実も肥大不足になります。このため、新梢先端を下垂する前に摘芯するなど技術を駆使する必要があります。

第5章

トウガラシの育て方

1 圃場の準備

トウガラシは日当たりが良好で強風にさらされず、耕土が深く肥沃で排水性に優れる圃場が適しています。以下、圃場の準備について、注意するポイントを紹介します。

水田での作付け

水田で作付けする場合は、周囲に明渠排水用の溝を設けて排水性を高めておくべきです。それでも排水が不良な農地では、うね高を30cm以上にして降雨後の滞水による根傷みを回避します。粘土質の土壌では、1a当たり100ℓほどモミガラくん炭をすき込んで土壌硬度を膨軟にすると排水性の改善効果があります。

根域を広げるための土壌改良

トウガラシ類の根系の分布をみると、甘長トウガラシの「万願寺トウガラシ」では垂直方向に20〜30cm、水平方向に30cmほどしか伸びていません。まして、樹勢の弱い鷹の爪は甘長トウガラシより根の分布域は狭い（垂直方向20cm、水平方向20cm）ので、根の分布域を広げて生長を促進する必要があります（写真5－1）。

なお、根の生長といっても古くなって木質化した根は水や養分の吸収量が少ないので、新しい根が次々と発生して根量が増えるような根域環境で栽培することが増収につながります。そのため、モミガラ堆肥1a当たり200kgに対して腐葉土を10～20％加えてすき込むなど、根域の気相率を上げて固相率を下げることで根の老化を遅らせ、新しい根が発生しやすくします。

安定した水分を保つ

さらに、根の生長を促進するためには、水分が極端に高くなりすぎたり、低下しすぎることもないように保つことです。深さ20cm当たりの水分は、土壌水分計の数値で表すとpF値1・6（やや多水分）～2・0（やや少水分）が適正範囲で、手で軽く握ると水がポタポタと滴る状態です。

そのためには、砂質の土壌ではわらを堆肥とともに深く

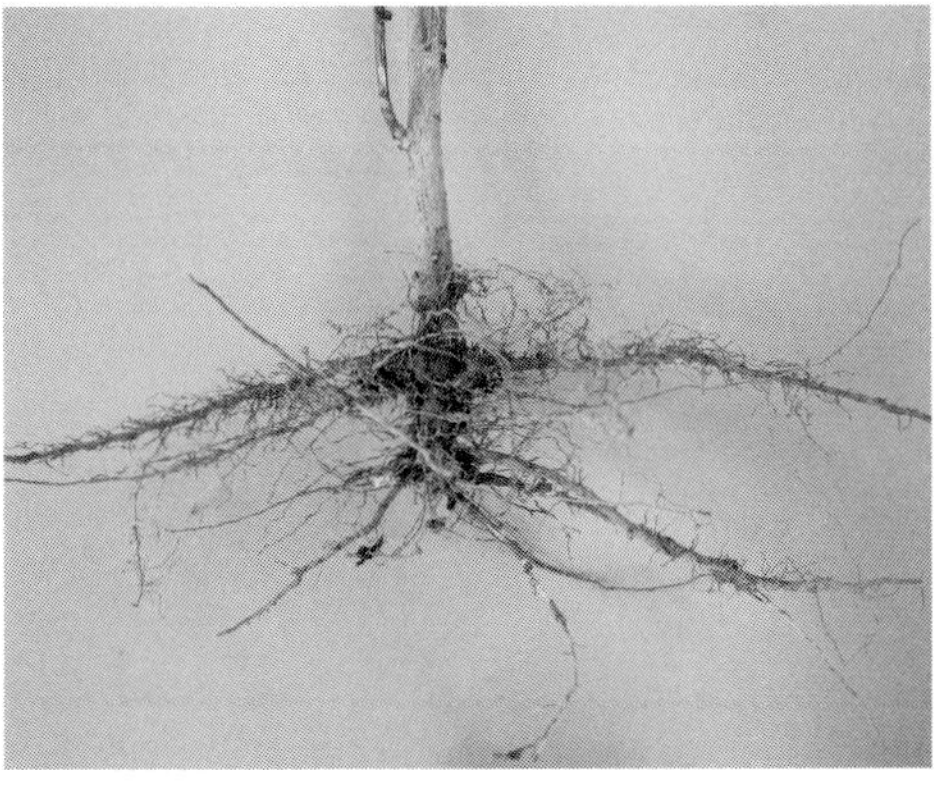

写真5－1
鷹の爪の狭い根域
根は浅く広がる
（編集部撮影）

すき込み保水性を高めます。一方、やや粘土質の土壌では、サトウキビ搾汁後の残渣（バガス）などの多孔質の有機物などを事前に投入しておくと、気相率を上げるとともに水分を適正な範囲に維持するのに効果的です。

夏のカルシウム欠乏対策

また、酸性土壌で栽培すると新梢や根が生育不良になり、夏季の高温時に果実が日焼けやカルシウム欠乏による尻腐れ症を発生しやすくなります。土壌によっても違いますが、苗の定植前に苦土石灰を1a当たり5～10kgほど施用して土壌の酸度をpH6～6・5くらいになるまで矯正しておくことも重要です。

ナス科を数年作付けていない圃場

なお、青枯病や疫病などの土壌伝染性病源菌による被害を回避するため、ナスやトマトなどのナス科植物を数年間は栽培していない圃場を選定することが安定生産のために重要です。圃場の過去数年間の栽培履歴を調べておくとよいでしょう。

2 元肥の施用

収穫タイプによって施肥チッソ量を変える

元肥は、品種別の生育タイプによって施肥量を加減します。

収穫終了時期を八房のような一斉収穫タイプでは10月に、鷹の爪のような順次収穫タイプでは12月までとして、有機化成肥料か緩効性肥料の120または180日溶出タイプを選んで施用します。

総チッソ施用量は、一斉収穫タイプでは1a当たり約2kg、順次収穫タイプでは収穫最盛期に化成

表5−1　施肥基準（1a当たり）

〈芯止まり房成りタイプ〉

肥料名	元肥(kg)	追肥(kg)	成分 N	成分 P	成分 K
堆肥	100～300	−	−	−	−
苦土石灰	10	−	−	−	−
BMようりん	5	−	−	1.0	−
緩効性肥料など	12	−	1.9	1.0	1.4
		合計	1.9	2.0	1.4

〈分枝・芯立ち・立性タイプ〉

肥料名	元肥(kg)	追肥(kg)	成分 N	成分 P	成分 K
堆肥	100～300	−	−	−	−
苦土石灰	10	−	−	−	−
BMようりん	5	−	−	1.0	−
緩効性肥料など	12	−	1.9	1.0	1.4
CDU燐加安S682など	−	7	1.1	0.6	0.8
		合計	3.0	2.6	2.2

肥料などで追肥する量と合わせて1a当たり約3〜4kgにします。

なお、元肥は苗の定植の14日前までには施用し、高さ30cm程度のうねを立てておきます。

チッソ肥料以外の施肥

苗の定植30日前までに、苦土石灰を1a当たり10kg、BMようりんを5kg施用して耕うんしておきます。

❸ 育苗

苗床の準備

2月中下旬に、ハウス内に育苗床を設置し、トンネル被覆とサーモ付き電熱線により最低気温を15℃に設定します。

そのうえで、育苗床の下に発泡スチロール板を敷いて地面と接しないようにする、トンネルにポリフィルムと不織布

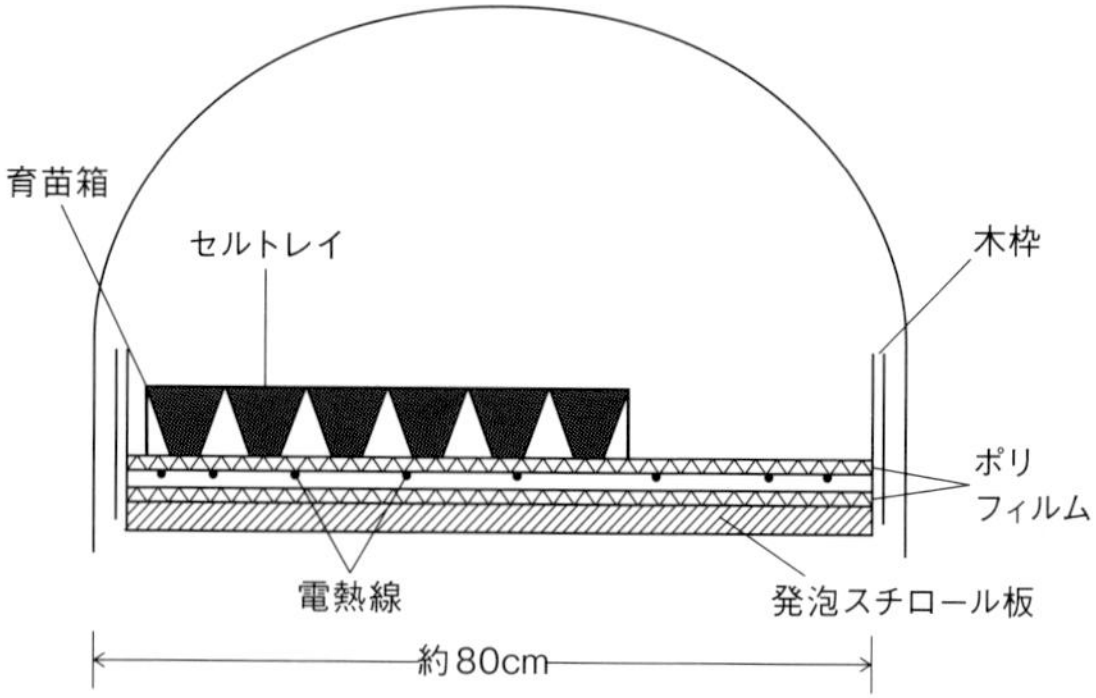

図5−1　育苗床

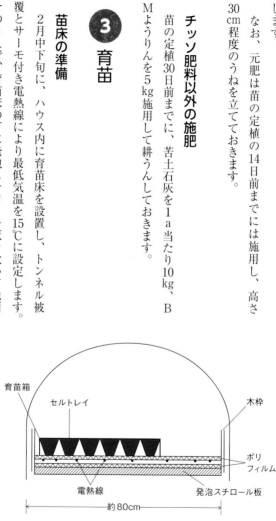

を重ねて被覆したり、夜間のみトンネルの上から保温資材をかけるなどして、できるだけトンネル内の温度を下げないようにします。

培土と播種

72穴のセルトレイにバーミキュライトと砂を等量混合した培土を充填して十分かん水し、種子を一つずつまいてから同じ培土で薄く覆土し新聞紙などをかけてからかん水します。

また、播種時期に低温で発芽揃いが悪い場合は、浸水させた種子を湿らせた紙でくるんで水稲の育苗器で保温すると５日後にはほぼ発芽が揃います。

７日ほどたつと発芽し始めるので、30％ほど発芽したら新聞紙を除去します。１年前の古い種子を用いる場合は発芽率が低下している場合があるので、50％ほど発芽するまで除去するのを待ちましょう。

ポットに移植

発芽後14日くらいして、本葉が２～３枚程度に生長したらできるだけ根を切らないように掘り上げて７・５～９cmのポリポットに移植します。培土は、播種時に用いた培土に山土やピートモスを等量で加えたものを用いると根の生育が良好になります。

苗の本数は、八房など一斉収穫するタイプでは1a当たり200本、鷹の爪など成熟した果実を順次収穫するタイプでは1a当たり100本必要です。生育の均一な苗を定植するためにはさらにその数よりも10％ほど多めに用意しておくとよいでしょう。

移植してから定植までの期間に徒長させずに丈夫な苗に揃えることが、収穫開始時期を早め、大きな果実をたくさん収穫する上で重要なポイントです。

かん水の目安

苗の徒長を防ぐため、かん水はできるだけ午前中に行ないます。

移植時の苗1本の給水量は、1日当たり50mℓにも満たないほどですが、定植前の株で葉数が10枚くらいになれば、1日当たり200mℓほど与えます。

ポットの底から水が流出したり、鉢土表面から蒸発したりするので、実際のかん水は、その2倍ほどの水量を目安にやるとよいでしょう。

葉色を良好に保つために、IB化成（N：P：K＝10：10：10）をポット当たり3つずつ施用すると定植時まで肥料切れしません。

節間の短い太い苗にするために、トンネルを早朝にはずして日の当たる時間を長くすることと、育苗施設内の気温を15～25℃に保つようにします。

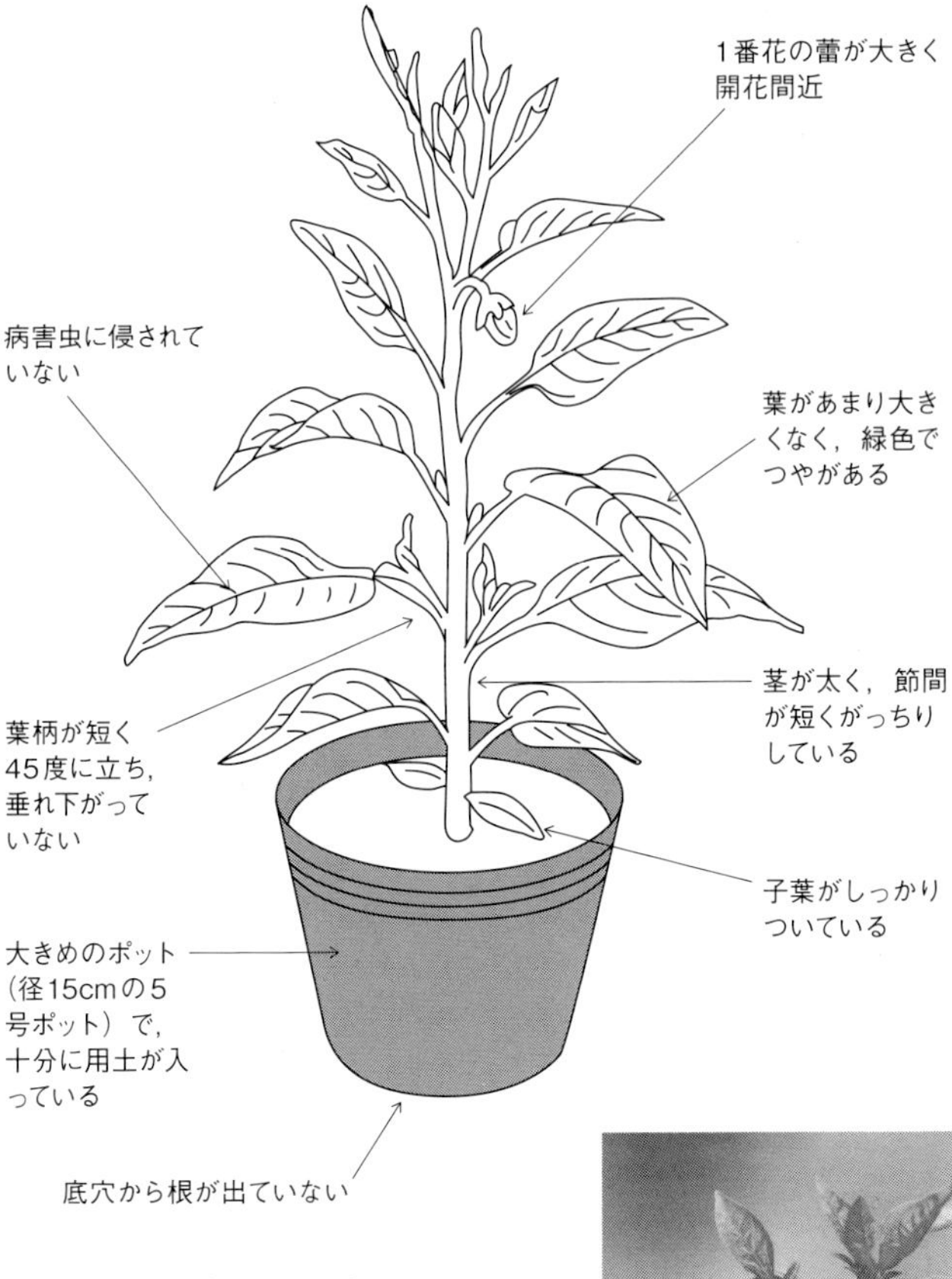

図5−2 よい苗の見分け方

写真5−2 よい苗姿

なお、育苗床にポリフィルムの遮水シートを敷いてプールを作り、午前中に1～2cm水をためてポットの底面からかん水することで、かん水を省力化できるとともに苗の生育を均一化できます。

よい苗姿とは

よい苗の姿の目安は、培土表面から約20cmまでの高さに第1花が着花し、その節が第10節目（葉10枚）前後であることです。また、節間が短く茎が太いことや葉色が濃すぎず薄すぎないことなどです（写真5―2）。

❹ 苗の定植

4月中旬以降で霜の心配がなくなったら、苗を圃場に定植します。

一条植えでうねはできるだけ高く

一つのうねに二条植えする場合もありますが、圃場面積に余裕があれば一条植えにするほうが生育中の管理がしやすくなります。また、うねの高さはできるだけ高くするほうが生育初期の地温を高く維持することができ、根の生育を促進します。

株間は、一斉収穫タイプでは25〜30cmほど、順次収穫タイプでは50〜60cm程度あれば作業性を良好に維持できます。

倒伏防止と粒剤の植え穴施用

苗はあまり深く植えず、長さ30cmほどの竹串を利用して倒伏防止のための支柱にします。なお、植え穴に、トウガラシ類にアブラムシ防除の登録のある粒剤を施用しておくと、初期の防除を省力化できます。

マルチと敷わらをする

雑草防止と土壌水分保持のために、うねの両肩にポリマルチを苗から10cmほど離して敷設し、うねの中央部分には梅雨入り前に敷わらをして乾燥を防ぐようにします（写真5−3）。

写真5−3　敷わら

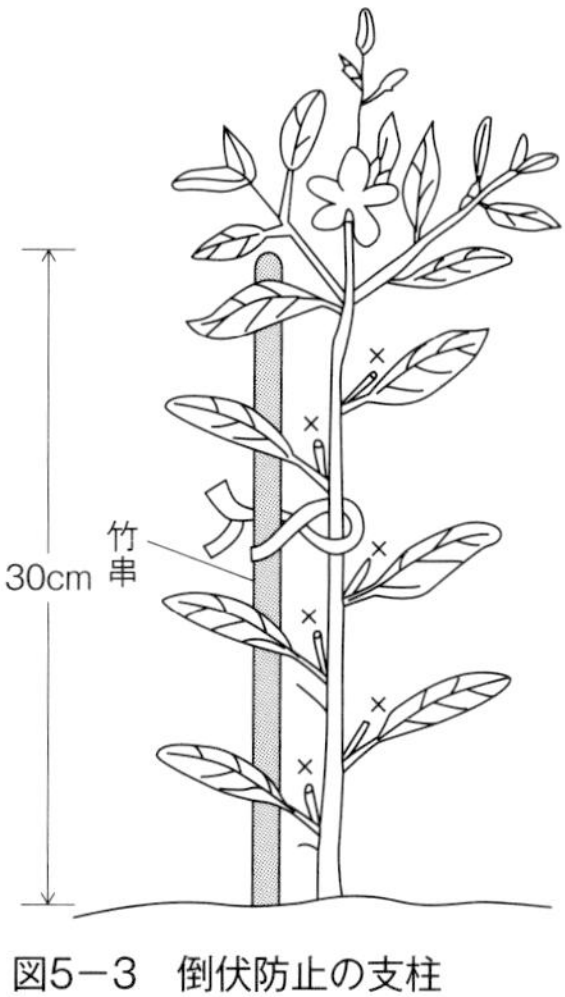

図5−3　倒伏防止の支柱

5 生育タイプごとの管理

芯止まり房成りタイプ（八房など）

定植と誘引

八房などの芯止まり房成りタイプは草丈が低く、株張りの幅も25～30cmほどと狭いので、苗の定植時に立てた支柱に茎をヒモなどで結びつけておくだけでよく、その他には誘引作業はいりません。

主枝の先端に房状に着花するので、蕾が見えたら、それより下の節のわき芽が伸びる前に手で摘まんで取っておくと日当たりを良好に保つことができ、長さ８cm以上の立派な果実を株当たり10個以上は収穫できます（写真５－４）。

増収をねらう仕立て方

一方、秋から冬にかけても気温の低下が緩やかな関西地方の平坦部では、八房の系統を栽培すると11月末までは着色します。

写真5－4　大きな果実をたくさんつけるための摘芽

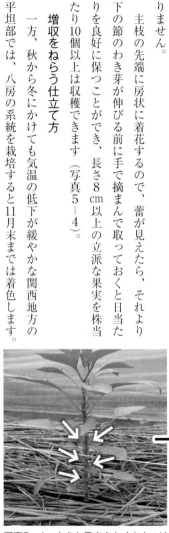

芯止まりした新梢先端の下5～6節から発生したわき芽を切除せずに数本残すと、果実どうしの競合を避けながら8月から11月まで5～6房を順次収穫することができます（図5－5）。主枝先端の花房のみを一斉収穫する場合に比べて果実の長さは短くなるものの、株当たりの収量を増やすことができます。

わき芽を多く残すと小果が多くなる

注意すべき点は、多くのわき芽を残すと収穫最盛期に養分競合を起こして長さ4cmほどの小果ばかりになることです。ハサミによる収穫や「もぎり」に要する作業労力が増えるわりには期待するほどの増収にはなりません。

そこで、どの節位のわき芽を何本残すかは、収穫にかかる労力を分散することと、求める果実の大

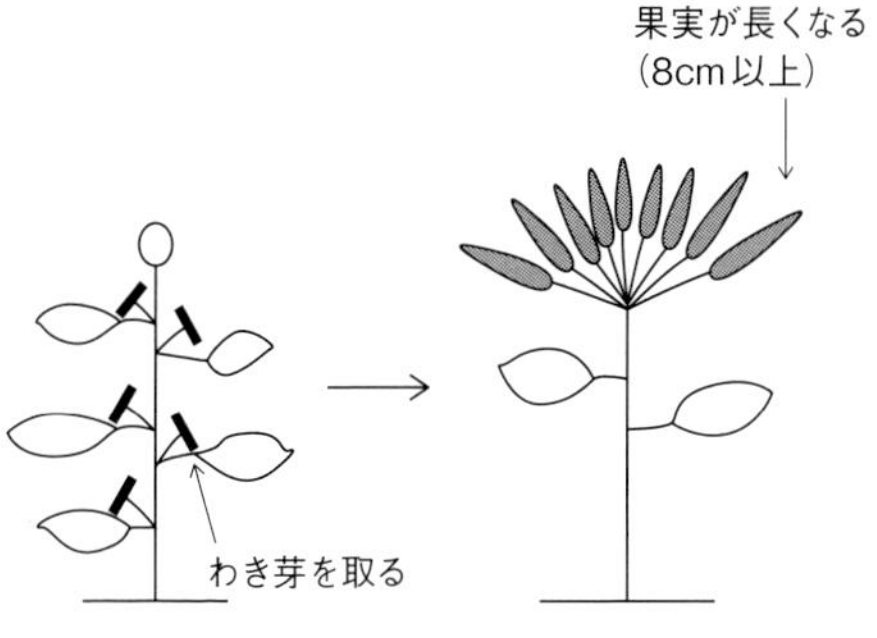

図5－4　わき芽を取る

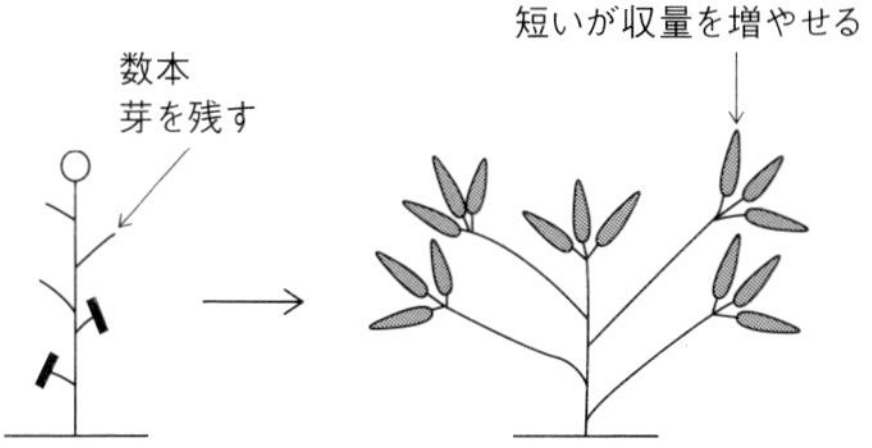

図5－5　残すわき芽

きさに留意して決めます。主枝先端に最初の果房が見えた頃にわき芽を切除し、それから30日後を目途に残ったわき芽をそのままにして生長させます。その後、残したわき芽の先端に果房が見えた頃に細くて短いわき芽を切除し、1株当たり5房程度になるようにします。そうすると、小果の着生を減らして収穫や「もぎり」の労力を省力化できます。なお、残すわき芽の本数は、圃場の日当たりがよければ増やすことも可能です。

フラワーネットで枝折れを防ぐ

わき芽に着果させて増収をねらう場合には、順調に果実が生長して長さ6cmを超えるようになると重みで枝が折れやすくなり、台風などの強風にさらされると大きな被害を受けることもあります。そこで、地面と水平に10cm目合い4目のフラワーネットを張って、株が風によって揺らされても枝が折れないよう補強します。

かん水の方法

芯止まりした(縦方向への伸長が止まる)頃から、かん水に注意します。

本タイプは鷹の爪などの分枝タイプに比べると株当たりの葉面積は小さいので、1日当たりの吸水量は少ないですが、前述したようにトウガラシ類は根の分布範囲が狭いので、土の表面の乾き具合を見ながらたびたびかん水します。

一斉収穫するタイプは、成熟した果実を収穫するまでの日数が分枝タイプよりも長いので、土壌水分が不足すると果実に日焼けが発生し、出荷規格の等級が下がってしまいます。そこで、夏季は1株当たり5～10ℓとなるよう週1～2回に分けてかん水します。

分枝タイプ（鷹の爪、本鷹など）、芯立ちタイプ（熊鷹など）

早めに下位節のわき芽を切除

このタイプは八房よりも草丈が長く、分枝が増えるとともに株幅も50～60cmと大きく広がります。枝折れ防止のため、早めに下位節のわき芽の切除をすませておき、10cm目合い6目のフラワーネットを第1花の着果節よりやや下に地面と水平に張っておきます（写真5－5）。

株の生長が旺盛で、フラワーネットの上30cmあたりまで草丈が伸びてきた場合は、フラワーネットを少し上げるか、もう一段張っておくことも枝折れを防ぐために効果的です。

写真5－5
倒伏と枝折れ防止
株張りが旺盛な場合，丈夫なヒモ2本で分岐部直下を挟み込むとよい

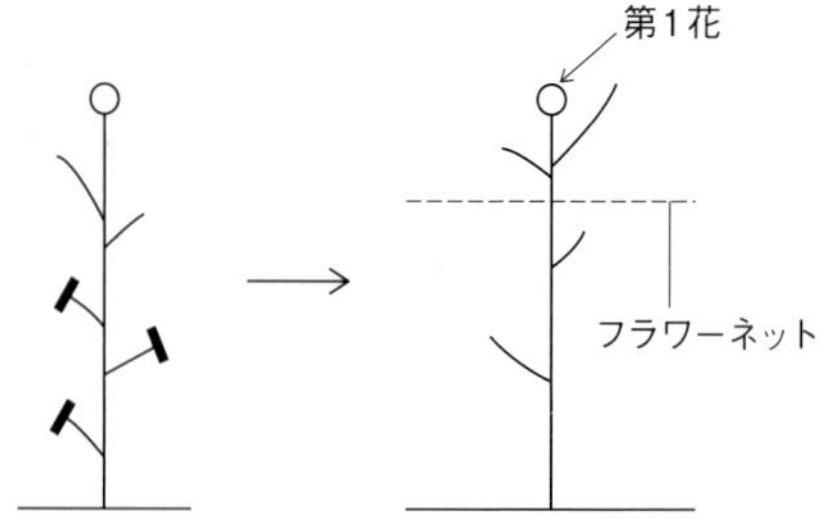

図5－6　下半分のわき芽を取ってフラワーネットを張る

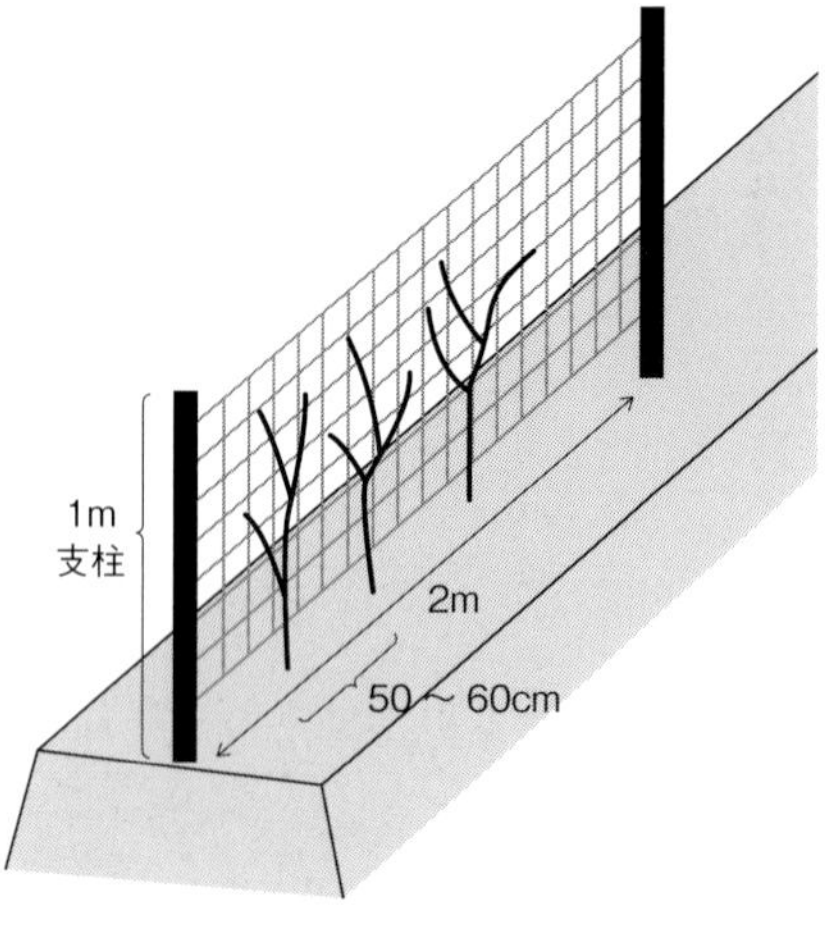

図5－7　フラワーネットを縦に張る方法

支柱を立てて平面的な草姿にして作業を省力化

草丈が80cmぐらいの高さに生長する系統ではフラワーネットを2段に張る労力を削減するために、うねの中央に長さ1m以上の直管パイプか木製の支柱を2mおきぐらいに立てて、15cm目合い6目のフラワーネットを縦にして張ることで代替えできます。主枝や分岐の一部を結束バンドなどでフラワーネットに留めるだけで枝折れを防ぐ効果があります。

または、支柱にマイカ線を2～3段に張って、梱包用PPヒモで縦方向に1株当たり3本ほど誘引しても同様の効果があります。トウガラシの枝は木質化するので枝先が果実の重みなどで下を向くと伸びなくなるだけでなく、作業が遅れてから誘引しても再び正常に伸びなくなります。ですから、枝の先端は常に上向きになるよう誘引します。こうすれば、キュウリのような平面的な草姿にすることができるので、フラワーネットを地面と水平に張るよりも株全体の受光体制がよくなり、収穫や追肥などの作業もラクになります。

枝折れ対策にもなる

　一方、分岐部より下の節から発生するわき芽を数本伸ばしたため株張りが旺盛な場合は、丈夫なヒモ2本で分岐部直下を挟み込むことで、倒伏と枝折れを防止できます。収穫初期に台風で大きな被害が予

倒伏防止用の支柱を立てる
③金属パイプの間にプラスチックの支柱を2本立ててマイカ線がずれないように結ぶ
②金属パイプの補強用に斜めに支柱を立てる

図5−8　マイカ線のずれにくいくくり方

想される場合は、地面から40cmぐらいの高さを同様にヒモで挟むことで枝折れを防ぎます（写真5－6）。

うね間に水をためてかん水の省力化

分枝し始めると葉面積が急激に増加するので、かん水量は八房よりも多めになります。夏季は、1株当たり約10～15ℓを週2～3回に分けてかん水します。

そこで、週に1回を目途にうね間に10cmほど水をためることで、かん水作業を省力化できます。具体的には、うねの両端にポリ袋に土を入れた土のうを数個置いてせき止めます。ホースを使えば別のうねで作業をしながら水をためられます。または、入水溝から水を流し込んでおき、逆方向のうねの端に土のうを積んでおいても短時間でかん水できます。なお、排水に不安がある圃場の場合は、隔うねで水をためるなど試しながら水分を調節します。かん水設備のない畑地で栽培する場合は、梅雨明け直前にうねの上、両肩及び通路などすべての土の表面を覆うように、厚

写真5－6
ヒモ（矢印）で挟むことで枝折れを防ぐ

めに敷わらをすることで果実の日焼けを少しでも防ぐ工夫をします。うね間に抑草シートを敷いておくことで、かん水によって雑草が増えるのを防ぐことができます（写真5－7）。

場所を変えながら少量ずつ追肥

また、鷹の爪は八房よりも収穫期間が長く着果数も多いので、7月から10月までは化成肥料を少量ずつ追肥する必要があります。ナスやキュウリと異なり根域が狭いので、追肥を施用する位置は株の半径25cm以内とし、少しずつ位置を変えて追肥します。

追肥にはIB化成（N：P：K＝10：10：10）またはCDU燐加安S682（N：P：K＝16：8：12）を、約3週間おきに1a当たり2kgずつ3～4回施用し、10月下旬以降も樹勢が強く増収（収穫）が見込める場合は最後に追加して施用するとよいと思われます。

写真5－7
うね間に抑草シートを敷く

立性タイプ（F_1品種など）

枝の誘引・仕立て方

F_1品種などの立性タイプは、第1花が開花すると新梢先端が分岐するので、勢いの強いほうを主枝とみなしPPヒモなどで垂直に誘引します。その後は分岐のたびに同様の誘引を続けて、垂直に誘引した新梢を主枝、もう一方の新梢を側枝とみなしてキュウリの主枝1本仕立てのような草姿にします（図5―9）。主枝の先端は、草丈が作業者の身長より高く伸びる8月中旬に摘芯します。

分岐した節には果実が1個か2個ずつ着果し、苗定植100日後頃から収穫が始まります。側枝とみなした新梢も分岐しながら着果するので、果実の重みで枝が下垂したり折れたりする前に、長さ20～30cmのところで摘芯します。

苗定植150日後頃に収穫ピークを迎え、その後は徐々に減少します。

かん水・追肥はたっぷり

かん水や追肥は鷹の爪よりもたっぷり必要です。夏季は、1株当たり約15～20ℓを週に2～3回に分けてかん水します。

尻腐れ症を防ぐ

また、梅雨明け後に、夜温が25℃以上の熱帯夜になる頃から根中のカルシウムが果実に転流しにくくなり果実の先端付近の細胞が崩壊してくる「尻腐れ症」と呼ばれる生理障害が発生します。追肥の施用量が多すぎることによって土壌中の無機成分量が増えると水分を吸収する根に強い塩類ストレスがかかることにより吸水量が減少し、それにともないカルシウムの吸収量が低下することも「尻腐れ症」を助長することにつながります。

そこで、葉面吸収と植物体内移行に優れるキレートカルシウムを、「尻腐れ症」発生前から数回葉面散布することで被害を軽減します。

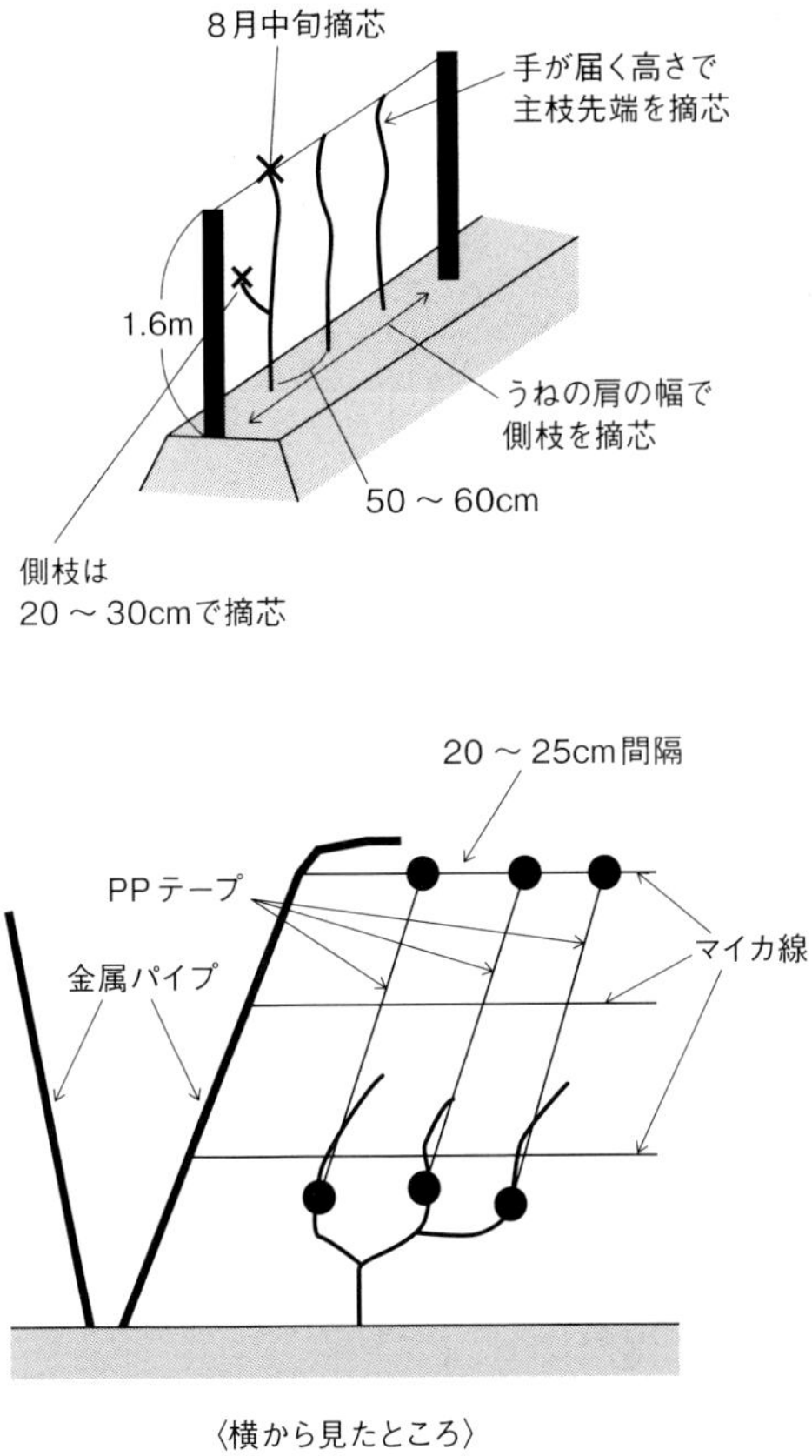

図5−9　1株当たりの主枝1～3本を垂直に誘引
●は結びつけるところ

6 収穫・選別の実際

芯止まりタイプ（八房、栃木三鷹など）
――10月に一斉収穫、乾燥果実で1a当たり12kg以上を目標

八房の場合

10月下旬にすべての果実が赤く着色したのを確認してから、株を引き抜くか、ハサミで地際から切って、葉をつけたまま上下逆さまにして、1週間ほど天日または風通しのよい場所で日陰に干します。

収穫時にややオレンジ色がかっている果実でも、天日で乾燥すると徐々に赤色が濃くなるので、順次ハサミで切って収穫します。十分に赤くなったものと緑色が残るものに分けます。

もぎり作業がいちばん大変

昭和40年代に「栃木三鷹《さんたか》を1a栽培するのに必要な総労働時間は34時間で、そのうち約30%がハサミによる果実の切除に要した」と記録されています。さらに、当時の収量は30kg（生果）とあり、収量こそ現在と変わりませんが、単価は1kg当たり180円と、現在の20分の1でした。

分枝タイプ（鷹の爪、本鷹など）
——2週間隔で果実一つずつ収穫、乾燥果実で1a当たり20kg以上を目標

順次収穫でA級品率アップ

鷹の爪は、2週間おきに成熟した果実を一つずつ収穫する場合（写真5－8）と晩秋から冬に一斉収穫する場合を比べてみると、総収量に差はありませんが、A級品率に大差が生じます。2週間おきに成熟した果実を一つずつ収穫するとA級品率は約80％ですが、12月に一斉収穫すると日焼け（写真5－9）などで約50％と低くなってしまいます（表5－2）。

写真5－8　果実を一つずつ切って収穫

写真5－9　日焼け

写真5－10　選別作業

表5−2　順次収穫と一斉収穫のA級品率の比較（2018年：京都府京田辺市）

	収穫期間	A級品率（%）	B級品率（%）	規格外品率（%）	総出荷量（kg/a）
順次収穫	9〜11月	80.1	15	4.9	30
一斉収穫	12月	50.1	45.8	4.1	28.8

注　順次収穫のほうがA級品率が高い

A級品とB級品

葉緑素（緑色の色素）がほぼ消失して全体が赤く着色した果実の果梗をハサミで一つずつ切って収穫し、収穫用のコンテナを、A級品：B級品＝4：1の大きさにダンボールなどで仕切って、収穫した果実をA級品とB級品に分けて入れると乾燥中に選別する手間が省けます（写真5−10）。

なお、香辛料製造会社に出荷する場合、A級品・B級品の区分は、それぞれの会社によって指標が異なりますが、「少しでも暗褐色の箇所が残っている」「日焼けなどで部分的に白化している」果実はB級品に区分します。

立性タイプ（F_1品種など）——2〜3日間隔で果実一つずつ収穫、1a当たり100kg以上を目標

1個当たりが重い

近年では、多収性や品質の向上、病気の抵抗性などを目的に、異なる品種どうしを交配して育成したF_1品種が登場しています（口絵7ページ）。これらの果実は一つ20〜30gと大きいため、1株当たりの着果数は50〜60個であっても1a当たりでは100kg以上になります。果皮が厚く多汁なため、

収穫時期を逸すると腐りやすいので、果実全体が赤く着色したものを、一つずつ2〜3日おきに収穫します。

成熟に時間がかかる

前述の八房や鷹の爪などの小果タイプとは異なり、立性タイプは成熟に時間がかかります。果実の先端から成熟が始まり、徐々に赤くなるのですが、最終的に果実全体が赤くなるまでに10日程度かかります。さらにその間に葉が果実を覆って日陰になったりすると、果実に葉緑素が残ったままとなり、一部が暗緑色のままになってしまいます。そうするとB級品になってしまうので、常に果実の日当たりを確保するように枝葉を切除します。目安としては、少なくても20％以上は株の向こう側が見えるくらいに細く短い枝、下垂している枝、生長が止まって黒っぽい葉をつけている枝をハサミで切除して枝葉をすかします。

果実内部のカビ発生に要注意

このタイプは果実が大型で肉厚なので、曇雨天が続いて果実の水分が多くなると、収穫後に乾燥が進まず果実の内部にカビが発生することがあります。これは外から見ても判別できないため、粉砕する前（やや乾燥不足の果実を割って内部を調べたとき）に初めて気づいたり、気づかずに正常な果実といっしょに加工されてしまう危険性もあります。

個人で野菜乾燥機を導入するという方法もありますが、生産に占める設備投資の割合が大きくなりすぎるので、立性品種の場合は、生果を香辛料製造会社に直接出荷したほうが無難でしょう。

収穫・選別時の注意点

なお、すべてのタイプに共通する事項として、収穫や選別などの作業中に辛み成分のカプサイシノイドが空中に飛散したり、手指に果汁が付着したりするので、手袋をして作業をするのはもちろん、顔や目をこすったり他人に触れたりしないように注意しなければいけません。万一、作業中に目や鼻に痛みなど異常を感じた場合は、すぐに作業を中断しその場から離れるとともに、手袋や作業着をはずして手や顔を洗うなどして、痛みが続くようであれば皮膚科や眼科を受診してください。

7 一次乾燥

一次乾燥用の台

収穫した果実の乾燥には、果実に雨や夜露が直接当たらないサンルームのような場所または空いたビニールハウスがあるとベストです。その中に直管パイプ製の台を設置し、防虫ネットを張ります。その上に果実をA級品とB級品が混ざらないように分けて広げて乾かします（写真5－11）。

高温による変色に注意

寒冷紗で温度を下げる

分枝タイプの鷹の爪は、8月から順次収穫して乾燥させますが、気温30℃以上の高温下では高温障害が発生します。葉緑素の減少が抑制され、果皮に緑色と赤色の色素が混在してどす黒い暗赤色になったり、強い直射日光に長時間さらされると日焼けやしおれで白く変色してしまいます。また、果実の糖分が炭化したり、タンパク質が褐変して黒ずんだりすることもあります。これらを予防するために、夏季の高温時には寒冷紗（50％遮光）などを果実の上部1m程度の高さのところに設置して果実の温度を下げるようにします。

おすすめは青い不織布

遮光率が高い寒冷紗は注意が必要です。黒やシルバー（90％以上）の寒冷紗を使用すると、乾燥が進まないばかりかカビが発生することがあります。そこで、光合成有効

写真5－11
一次乾燥用の台

波長域（光合成に利用される波長）は遮らず、紫外光と近赤外光のみを遮光する「青い不織布」（商品名：青パオパオ）を張ってやると、果実の白化や日焼けを防ぎ、2週間ほどで果汁がほぼなくなるまで乾燥することができます（写真5―12）。

この後、数日間たってから触っても水分を感じない程度まで乾燥したら、室内で「もぎり」作業をします。

防虫対策

トウガラシ生産では、食品衛生上、乾燥作業のときがもっとも虫害などのリスクがあります。乾燥中は小動物の混入や衛生害虫の被害を受けることもあるので、ビニールハウスの側面に1㎜目の防虫ネットを張ったり、床面に農ポリ（農業用ポリオレフィン系特殊フィルム）と防草シートを重ねて張ることも有効です。

写真5―12
青い不織布

乾燥時に着色を促進する工夫

12月まで着果する鷹の爪

鷹の爪は生育期後半の10月になっても次々と分岐して開花し、12月になっても着果する性質があります。しかし、低温にさらされると途端に着色が進まなくなってしまい、最後まで収穫できないケースが多々あります。

着色は日照時間に左右される

京都府京田辺市の「さんさん山城」では、2017年は12月中旬まで果実が十分着色して収穫できましたが、2018年には赤くならずに緑色かせいぜい橙色の着色不良状態にとどまり、株当たり総着果数の15%ほどは未収穫に終わりました。

京田辺市での12月の第1半旬から第3半旬までの気象を比較すると、2017年には晴天は4日、雨天が2日で期間中の降水量2・5㎜、日照時間83・7時間、平均最高気温13・6℃でした。一方、2018年は晴天3日、雨天8日で期間中の降水量21・9㎜、日照時間50・7時間、平均最高気温13・8℃でした。

トウガラシ類やパプリカの赤い色素はカロテノイド類のカプサンチンで、フィトエン合成酵素とカプサンチン合成酵素によってつくられます。12月になると気温が15℃以下に低下するとともに、2018年は日照時間が短かったため、カプサンチンの合成量が低下したと思われます。

収穫後に着色を促進するシステム

そこで、パプリカのカプサンチン合成に最適な気温と光強度に関する詳細な研究報告を参考に、乾燥中に着色を促進するシステムを試作しました。

仕上げ乾燥用に架台の上部に防虫ネットやコンテナを設置した上に収穫した果実を置き、その1m上部に青い不織布を天張りします。

換気扇で果実付近の気温を30℃ほどに設定し、果実に光が当たるようにします（室内の場合は蛍光灯が必要）。このときの光の強さは、200μmol・m^{-2}・s^{-1}程度が理想で、照度に換算すると約11klx以上となります。これにより、収穫時に半分ほどが橙色になっている果実は10日間ほど乾燥後には、わずかに橙色の部分が残るもののB級品として出荷できるぐらいに赤くなります。

低温でも着色促進できる

さらに気温と日照時間が低下する12月に、追熟処理によりどの程度まで着色するか調査を行ないました。

まず12月4日に採取した着色程度の異なる4段階の果実（完全に緑、果実先端が朱色、果実の1／4が着色、果実の1／2が着色）をハウス内と暗室内に19日間おいて、着色の変化を見ました。

その結果、完全に緑の果実はハウス内と暗室内のどちらにおいても着色しませんでしたが、他の果実は着色が進み、とくにハウス内に置いた果実の1／2が着色したものは、B級品として出荷できるほどまでに着色が進みました。よって、ハウスを二重被覆するなどで追熟処理中の気温を上げてやると、少しでも着色が始まった果実は出荷可能な状態にできることがわかりました。

前述した赤い色素のカプサンチンを合成する酵素の活性が高まるのは、わずかでも果実が着色し始めたときであると思われます。着色が始まっていない（酵素活性が低い）うちに温度や光などの環境を制御してもカプサンチンの合成は進まないようです。

8 もぎり（調製）作業

最終乾燥の目安

果実を指で割っても果汁が飛び散らなくなるくらいまで水分が抜けたら、室内に持ち込んで「もぎり」を行ないます。もぎりとは、手で果実の軸とヘタを一つずつはずすヘタ取り作業のことで、その後、再び風通しのよい日陰に干し、水分を飛ばします。収穫後30～50日たてば水分が12％ほどに低下しますので、香辛料製造会社に出荷できるようになります。果実を一つつかんで振ったときに、中で種子がカラカラと乾

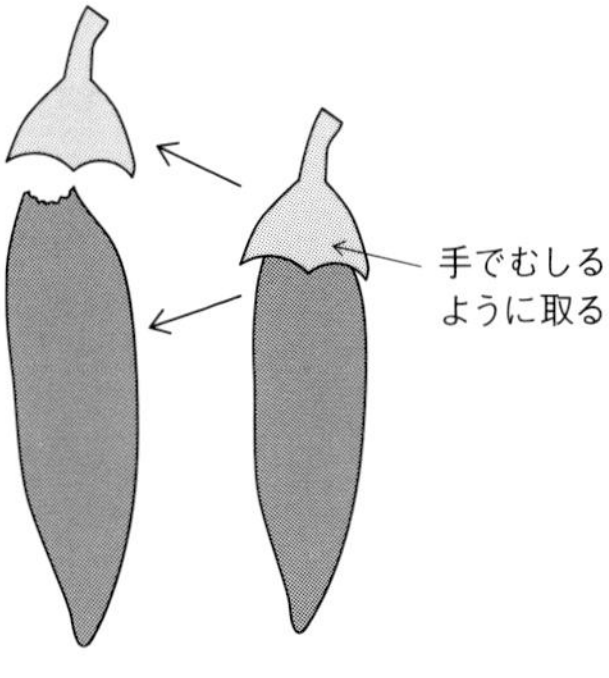

図5－10　もぎりの概要

いた音がすればうまく乾燥した証拠で、乾燥したことを確認できます。

作業場所の環境と異物混入防止

「もぎり」や最終乾燥は精密な作業を要するため、エアコンで空調や窓換気のできる清潔な室内で行ないます。引き続き、小動物や衛生害虫による被害が発生しないように注意します。

もぎり中に果実とガクの境付近に黒ずんだ小さな穴があいていることがあります。これはタバコガなどによる産卵痕で、たまに幼虫が潜んでいることもあります。このような果実を見つけたら必ず廃棄します。

このような異物を見分けるため、「もぎり」や袋詰め作業は、普通の事務室より明るい照度、およそ2000 luxを確保するよう照明（蛍光灯など）を設置します。

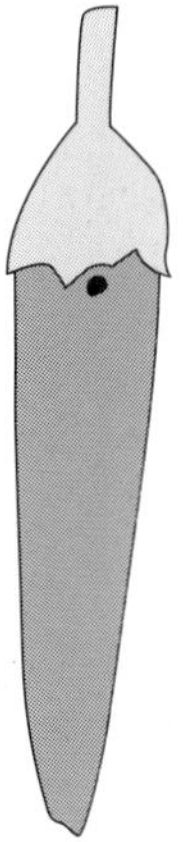

図5－11　タバコガの害

写真5－13　作業所のようす

どんなに注意をしていても、まれに、果実に泥やアブラムシの分泌物が付着していることがあります。「疑わしきは惜しまずに廃棄」することでクレームを減らし、信頼を高めることが重要です（写真5－13）。

9 仕上げ乾燥

12％（水分）を目途に乾燥

「もぎり」がすんだ果実は、重ならないように注意しながらコンテナ（下が網のタイプ）に入れて、最終乾燥室に運びます。乾燥室では、木製や金属製（単管パイプなど）の丈夫な3段くらいの棚に分けて設置し、下から送風ファンで通風乾燥します（写真5－14）。

仕上げ乾燥機

仕上げ乾燥機とは、曇雨天時に柿やシイタケをカビさせ

写真5－14
仕上げ乾燥

ずに乾燥させるための機械です。

幅2m、奥行1mほどの台を、1段50cm程度の高さで3段積み重ねます。一番下の段と床の間も50cmぐらい余裕を持たせてあけておき、そこに送風ファン（扇風機）を上向けに数台設置して一日中送風します。周囲と上を寒冷紗などで覆って外部からの湿気の侵入を防ぐとともに、衛生害虫などの混入を防ぎます。

乾燥の進み具合をみながら適宜コンテナの上下を入れ替えると、1～2週間で出荷できる水分12%になります。水分確認後、袋詰めして出荷します。

低温期の乾燥法

12月に入り気温が低下してきたら、灯油暖房機などで日中は室温20℃、夜間は無加温、照度は5klx（蛍光灯・夜間は暗黒）の管理をします。

そのような環境に7日間ほどおくと、出荷可能な赤色になります。その間、送風ファンで果実表面の結露を防止します。また、F_1など立性の大型果実でも収穫時に着色が50%程度まで進んでいれば、この方法で出荷が可能です。

乾燥度の見分け方

出荷に適した水分量（12％）になっているか調べる方法があります。

たとえば、鷹の爪では生果の重量を乾燥係数3・85で除した値がほぼ乾燥後の重量になることがわかっています。その他の品種においても同様の方法で出荷に適した乾燥具合がわかります。乾燥係数は果実の収穫時に重さを量り、水分12％時の重さで除すと求められます。そうすることで、カビの発生を防げます。

10 農薬をできるだけ使わない病害虫の防ぎ方

辛味トウガラシはもともと収穫のピークが盛夏期を過ぎるので、病害虫の被害は多くありませんが、被害が発生することもあります。以下に農薬をできるだけ使わない防ぎ方を紹介しますが、農薬を使う場合は「とうがらし」「とうがらし類」「野菜類」で登録されている薬剤を選びます。

白絹病

苗の定植直前に雑草のすき込みや未熟な堆肥を投入した場合には白絹病が発生しやすく、効果的な薬剤の登録がないので株が枯死することが多く、大きな被害を招くこともあります。

作付け予定地は、前年の作付け終了後に速やかに除草し、完熟堆肥の投入と深耕をすませておくことで被害を最小限に抑えることが可能です。

疫病

梅雨になって土壌水分が多くなると疫病が発生し、排水不良でうね間に数日も水が停滞するような圃場では夏の高温時に壊滅的な被害になることがあります。

この病気は一度発生すると防除することは困難です。排水性に優れる砂質の圃場を選定することと、梅雨前に排水路を点検しておくことが、疫病予防の最善の方法です。一方、F_1の「PRうまから」など疫病抵抗性の品種を用いることも被害軽減に有効です。

青枯病

他にも、ナス科野菜に共通する土壌病害である青枯病

写真5－15
青枯れ

（写真５―15）なども深刻な被害を及ぼします。圃場の選定の際は、過去数年間の作付け品目と病気の発生履歴を調べることも重要です。

オオタバコガ

病害虫の中でももっとも大きな被害が生じるのはオオタバコガです。

クロルフェナピル（コテツフロアブル）など効果的な殺虫剤の登録もありますが、使用回数に制限があります。

オオタバコガは夜行性で、夜に飛来して果実に産卵するので生物農薬（バチルスチューリンゲンシス）など使用回数に制限のないＢＴ剤を組み合わせて産卵数を減らすようにします。

無農薬でつくる場合、圃場に電源があれば、黄色蛍光灯の夜間点灯も有効です。これまで、ナス、実エンドウなどで実用化されており、トウガラシ類にも応用できる技術です。

アブラムシ

生育初期と初夏にアブラムシの被害がみられます。

苗定植時にクロロニコチル系の粒剤（アクタラ粒剤５、アドマイヤー１粒剤など）を施用し、発生初期の６月中旬にネオニコチノイド系殺虫剤（ダントツ水溶剤など）で確実に防除することで被害を最小限に抑えられます。

トウガラシは、甘長トウガラシのようにアザミウマ類やうどんこ病の発生はほとんどみられませんが、圃場の周囲で栽培されている作物の種類によっては被害が生じることもあるので、ふだんからガクや葉裏を注意して観察することが初期防除では重要です。

ウイルス病に注意

TMV（タバコモザイクウイルス）

5月下旬頃から葉に黒い斑点が発生しているのを見つけたら、TMVの感染を疑います。TMVは、植物どうしの感染の他にも土壌中の植物残渣など感染源が多岐にわたるため完全に防ぐことはできません（写真5―16）。ウイルスを未然に防ぐ基本は農地を毎年変えることです。

PMMoV（ピーマンマイルドモットウイルス）

また、苗の定植時に根の表面が傷つき、土壌中のPMMoVに感染することがあります。このウイルスに感染すると、節間が伸びなくなって、草丈が正常の株の半分ほどにしかなりません（写真5―17）。

コストはかかりますが、ピートモス成型ポットなどの生分解性ポットに鉢上げして養生してから、ポットごと定植することで感染を防ぐことができます。それでも発生してしまった場合は、周囲の株への感染も懸念されるので、早めに抜き取って焼却したほうが無難です。

自家採種に注意

他にも、前年に自家採種した種子を用いて育苗したとき、葉に淡いモザイク症状や黄褐色の斑点ができることがあります。これらもウイルスの感染による症状ですので見つけ次第処分します。

写真5－16　TMV

写真5－17　PMMoV

写真5－18　ウイルス病のモザイク症状

契約先への出荷数量を決めて栽培する場合（契約出荷）は、ウイルス感染のないことが確実なナーセリーから苗を購入することをおすすめします（写真5―18）。

11 災害対策――とくに台風

トウガラシは比較的強健な植物ですが、浅根性なので大雨による滞水や、風にはめっぽう弱いです。以下のような注意点があります。

滞水による疫病

台風などによる大雨でうね間の滞水が数日間続くと、疫病が発生することがあります。通常、辛味種は自根苗を栽培するので、疫病に弱く、一度発生してしまうと数週間で全滅することもあります。

台風が接近する前には、必ず排水溝を点検し、水がスムーズに流れることを確認しておきます。万が一水がたまってしまったら、水中ポンプで排水することになる場合もあります。

風害

風による被害は、防風ネットの設置によってだいぶ軽減できます。台風の季節が近づく前に単管パイプなどの丈夫な支柱を立て、防風ネットを設置します。これによって平均風速が50％程度減少します（写真５－19）。

また、ネットの高さは高いほど効果があります。たとえば、鷹の爪など草丈の低い植物だからといって暴風ネットを低くすると、風速の低減距離が短くなってしまい、ネットから離れたうねでは大きなダメージを受けることがあります。支柱は１ｍ打ち込んでも強風で引き抜かれることもあるようなので、できるだけ深く打ち込むといいでしょう。

立性品種は、倒伏したり、枝折れしたりすることがあります。下向きになった枝をそのまま数日間放置してしまうと、もとどおりにして誘引しても、草勢は回復しないので、そういう株をみかけた際は、できるだけ早く復元します。

また、強風で株全体が引き上げられてしまうこともありま

写真5－19
防風ネット

す。そのような株は地際を見ると、根の一部が露出しているので判断がつきます。そのままでは根に障害が発生してしまうので、まず支柱を立て直し、誘引し直すとともに、株元に土を寄せ、かん水します。強風による株の引き上げ防止策としては、定植後の誘引時に、縦方向のＰＰヒモを緩く結束しておくことです。

カコミ　家庭で簡単につくる鷹の爪

小果の品種ならば、庭の一角で簡単につくることができます。

市販の乾燥品にはないフレッシュな旨み、甘み、生果ならではのジューシー感を味わうことができるのでぜひつくってみてください。

庭でつくる

ポイントは、うねを30cmほどの高さにして、湿害を受けないようにしておくことです。また、梅雨明けか

写真5−20　プランター栽培のようす

ら盛夏期は、わざとうねの表面に雑草を生やしておいたり、刈り草を株元に敷いたりして土を乾燥させすぎないようにすることです。他にも、株の周囲に高さ10cmほどの土手をつくり水をためておき、水分が土壌の下から上へ移動することで根に水分を与える（表面水が横に流亡しない）仕組みをつくっておきます。

プランターでつくる

用意するもの：根腐れを防ぐためのスノコ付きのプランターがベストです。容量は12ℓ程度のもので十分栽培できます（写真5－20）。まず、プランターの底面が収まるぐらいの大きさのプラスチック製浅型バスケットの中にポリ袋（45ℓ）を敷いたもの、またはバットを用意します。ポリエステル製の吸水シート（給水テープ）厚さ1～2㎜をプランターの長さ、プランターの深さの2倍程度の幅に切り、スノコに一重巻きつけてからプランターの上端にテープでずり落ちな

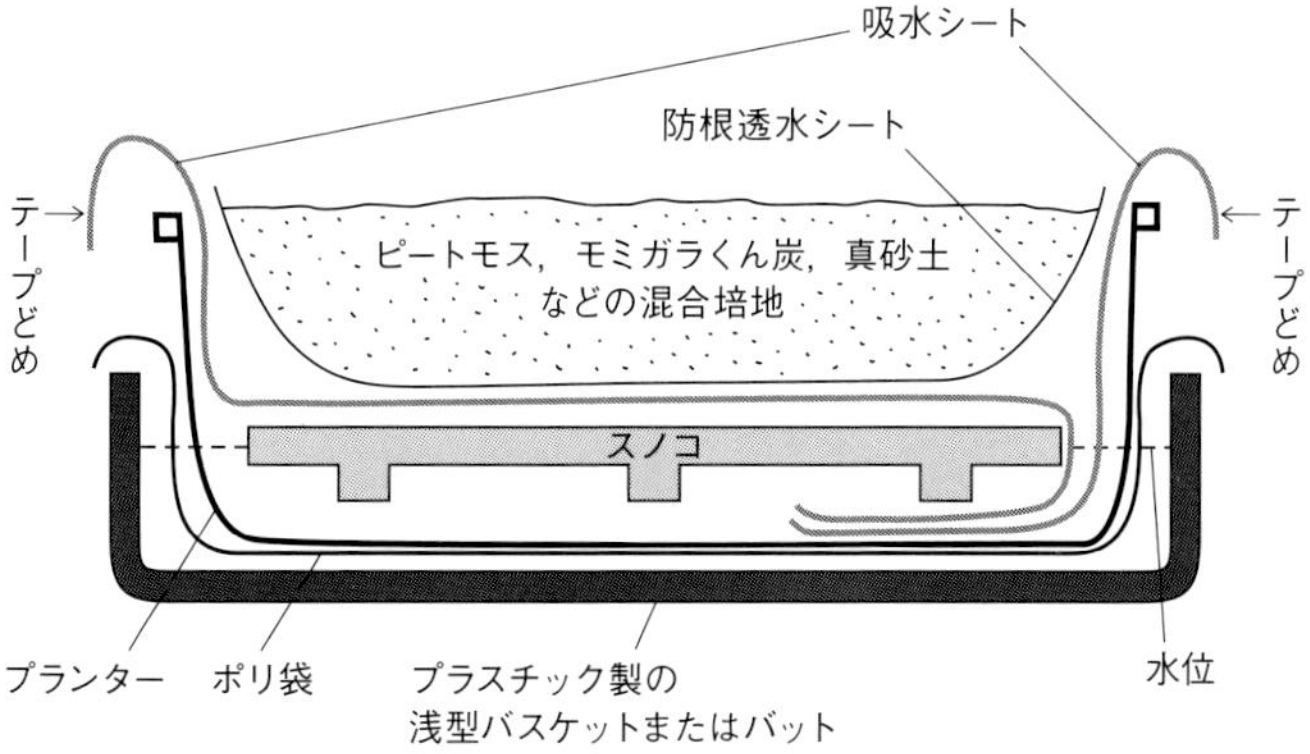

図5－12　底面吸水を用いたプランター栽培（模式図）

いように留めておきます。ポリエステル製の防根透水シート（ユニチカ製、東洋紡製など）をその上に敷いてから土壌（人工培地でも可）を充填することで、吸水シートにトウガラシの根が巻きついて破損するのを防ぎます。2～3日おきにポリ袋の表面に水を2～3cmためると、底面からシートを透過して吸水します。

培土：土壌は土より軽いピートモスなどの培地を使用するほうが持ち運ぶ作業がラクになります。また、モミガラくん炭や顆粒状の炭などを半量になるよう混和して空隙を増やして気相率を高めることで、トウガラシの根が木質化するのを遅らせ白い綿状の毛根を増やすことができます。これによって、トウガラシの樹勢を晩秋にも強く維持することができるようになり、12月に霜が降る頃まで品質のよい果実を収穫できます。

おすすめの食べ方

採れたての新鮮な鷹の爪は、果実を縦に切ってスプーンなどで種子と胎座をこそげ取ると辛みがぐっと低下するので、辛みが苦手な人にも糖分やグルタミン酸が豊富な果肉だけを生でおいしく食べることができます。

第6章

一味・七味唐辛子の販売と加工・利用

1 香辛料としての一味・七味唐辛子

日本独自の香辛料として発達した七味唐辛子の材料について説明します。

(1)唐辛子

通常は赤く熟した辛味種のトウガラシを用います。その系統や品種は前述したとおり関東地方では八房、関西地方では鷹の爪かその交配系統などが多く、外国で香辛料に用いられるハバネロのような辛み成分が高濃度に含まれる品種が使われることはめったにありません。とくに辛い品種としては鷹の爪の交配系統で熊鷹と呼ばれるものがありますが、現在入手はできません。また、黄金とうがらしと称される熟した状態で黄色の辛い品種もあります。

これらトウガラシの乾燥粉砕物だけを商品化したものが一味です。

なお、材料としての「焼き唐辛子」とは生唐辛子をごま油などを用いて焙煎したものです。焙煎することにより辛みは少し低下しますが、香りが一段とよくなります。

(2)皮（陳皮）

熟したみかんの皮を干したもので、とくに日本固有の温州ミカンの果皮を乾燥させたものが使われます。

⑶山椒

山椒の実ではなく、芳香のある皮だけを乾燥・粉末にして使います。近年は、ピリッとした刺激のある花椒を少し配合している七味唐辛子もあります。

⑷青のり

アオサ科アオノリ属の海藻を乾燥して使います。前述の3つの材料に比べると配合比率はごく少ないものですが、独特の和の風味を持っています。

⑸麻の実

麻の果実の種子を煎ったもので、噛んだときのカリッとした食感と豊富に含まれるアミノ酸やミネラルが特徴です。

⑹ごま

油分の多い白ごまと香りが芳香な黒ごまを、白を多め・黒を少なめの割合で調合したり、白ごまのみ使用することもあります。

⑺けしの実

けしの実を乾燥したもので胃腸を整える作用があります。

他にも、シソ、生姜、柚子の皮などが配合されているものもあり、関東から東北地方ではニンニクやネギを調合して独特の風味を出しているものもあります。

2 一味・七味唐辛子の加工

自家製造するときの留意点

商品としての一味や七味唐辛子を自家製造する際には、安全面の確保がもっとも重要です。トウガラシを自家生産する場合は、種子や苗の入手先、栽培履歴、農薬と肥料の使用履歴などを作成するとともに保存する必要があります。また主原料以外にも山椒やごまなどの薬味も栽培履歴の提示により農薬の安全な使用方法を明確にし、安全性を確認したものを使用します。

「七味唐辛子は調味料」製造販売には届出が必要

食品製造・加工営業届は、市町村が定める食品衛生規則により、食品を製造または加工（小分けを含む）する業について、漬物、総菜などをはじめ約10種類が対象となっています。七味唐辛子は調味料に分類されており、営業する場合は保健所への届出が必要です。

ムラなく乾燥、水分12%に

枝ごと切って日陰に干しておく昔ながらの乾燥方法は手軽ですが、果実の乾燥程度がバラバラになりがちです。フランス南部地域やスペインでよくみかける「コルド（cordos）」と呼ばれているトウガラシの果実を一つずつヒモで編んでまとめて吊るす乾燥方法は、見た目も鮮やかで、市場の壁に吊るした状態で販売もされています（129ページ参照）。

しかし、これらの乾燥方法よりも、前述のハウス内での一次乾燥と室内での仕上げ乾燥を組み合わせて、短期間で水分を12%に低下させて袋詰め保存するほうが衛生的です。仕上げに機械乾燥する場合は、市販の野菜乾燥機で50℃、48時間を目安に処理します。

乾燥後の調製

乾燥後すぐに粉砕する場合は厚みのあるポリエチレン製の袋に入れて0〜5℃で貯蔵しておきます。長期間保存する場合は、アルミニウム製の袋に詰めて、真空包装機で空気を抜いてから袋の口を熱融着で閉じ、冷凍保存しておきます。

他から原料を入手するときのチェック

なお、カプサイシン含量は、同一産地で品種と栽培方法を統一して栽培する場合は大きなばらつきはありません。

原料が不足して他産地から入手する場合は、必ず品種と収穫日、乾燥の方法と日数を確認し、色や辛みを実際に確認して、いっしょに加工するかどうかを判断すべきです。

作業中の服装

以下に記載する作業を行なうときは、必ずゴーグルと防塵マスク、手袋の着用が必要です。なお、作業室では毛髪混入防止のための帽子着用と異物持ち込み防止のための白い作業服への着替えも必要になります。

風選、粉砕

風選

企業で大量に生産する場合は、筒の中を果実が通過する間に回転するシロッコファンの風力で軽いものと重いものに1時間当たり1ｔの速度で選別する方法が一般的で、風量と流量を調節して果実表面に付着した細かい異物まで取り除きます。粉砕後の風力やふるいによる異物除去時に虫の幼虫やゴミが見られるような場合や、虫の死骸や風力で飛ばせない重いゴミなどが混入していないかなど、目視と手作業によって選別します。

直売所での販売向けに少量の一味唐辛子を製造する場合は、電動の小型風力式選別機を使ってゴミや土などを除去します。企業の場合と同様、重いゴミなどについては目視と手作業によって選別します。

用途に応じて7段階に粉砕

直売所での販売向けには、商品の粒の大きさに合わせて粉砕加工の大きさを以下のように7段階つくると、お客の選択の幅に応えることができます。

①パスタのトッピング用やオリーブオイル漬けには、できるだけ原型の一部が残るようにしますが、食べやすい大きさ、加熱しやすい厚みなどになるよう留意しなければなりません。
②漬物の辛みづけ用には輪切りカッターなどで幅3㎜前後に切ります。
③キムチに用いる場合は、ロール挽き機で約2㎜のソボロ状に粉砕します。
④ピザのトッピングやピクルスの材料向けには、市販のミルを使って約1㎜ほどの径に粉砕しますが、ここまでの大きさに粉砕したものを販売する場合は、種子を風選機で除去するか種子を含む状態で提供するかは利用者の好みに対応してつくり分ける心遣いも重要です。
⑤粉というほども小さくなく粗挽きするには、小型の製粉機を使用して粒度600㎛程度にします。
⑥うどん、そばの一味唐辛子向けに辛さがきわだつよう微粉末にするには、粒度200～300㎛にします。

⑦そして、加工食品への練り込みや着色用などには、さらに細かく120㎛ぐらいにしますが、ここまで細かく粉末化するためには水分を10％以下に低下させてから行なうほうが粒度が安定します。

焙煎

唐辛子の赤みを増し、風味をきわだたせるために焙煎する場合は、粉砕する前に、火入れをします。ここで難しいのは、焙煎したものを粉砕すると想定した粒度よりも小さくなってしまうことがあるということです。

製造会社ではコンベア式で数百度に加熱して数分という短時間で仕上げています。

小ロットで行なうには、フライパンにクッキングシートを敷いて、焦がさないように弱火で10分間ほど加熱します。

香ばしさを出すにはごま油を使う方法もありますが、やや黒っぽい色になりがちです。企業の製品のように鮮やかに色彩を出すには経験の積み重ねが必要になります。

そこで、むしろ20分以上加熱することで黒い粉末にして、黒七味に加工するよう統一して販売するほうが、火力や攪拌の熟練度の違いによる差が商品に生じにくく、直売所向けの技術といえます。

計量・保存

小売用の容器に詰めるまで1kgずつ計量して袋詰めします。加熱すると粒度や色合いが変化している場合がありますので、袋ごとの差がなくなるように調整する必要があります。

保存用の袋は、紫外光による変色や空気中の水分による湿気を防ぐため、もみ茶が入っているようなアルミ製の袋を用いることで1年間は風味を損なわずに提供することが可能になります。

配合・七味唐辛子のつくり方

七味唐辛子をつくるときの配合割合は、前述した7つの薬味のうち唐辛子が30％前後、陳皮と青のりはそれぞれ0〜10％、その他は各10〜15％ぐらいの幅で配合されているのが普通です。

地域の特色やお客様の好みによって配合は自由です。渋みが苦手な人向けに陳皮の配合を0％にしたり、清涼感を強めたければ山椒を多めに、コクのある旨みが好きな人向けには黒ごまを多めにするなど、配合割合を変えてラインナップを揃えることも重要です。

日本三大七味と呼ばれる老舗の一つ、18世紀前半に創業の長野県「八幡屋《やわたや》礒五郎《いそごろう》」には、驚くほど多数の商品ラインナップがあります。なかでも珍しいのが、「辛くない七味」（14gガラス容器入りで約800円）です。配合はごく普通の七味唐辛子と同じですが、トウガラシにカプサイシノイド含量の低い辛くない品種を使用しています。そのため、七味の風味そのままで辛みがないという商品は、辛いのが苦手な人にも大層喜ばれています。

委託加工するとき

初めて委託加工する場合は、まず加工所に「サンプル加工」をお願いしてみることをおすすめします。

1品種・生果2kgで乾燥・粉末化して1万5000円程度です。まず出来上がったサンプルを実際に使ってみてから粒度を変えて調節していきます。滅菌処理などのオプションは最後に検討し、商品に仕上げていきます。

たとえば、ある加工所に出す場合、原料重100kgを粉末に委託加工する場合、1万円程度の基本料金と、粒度に応じて1kg当たり700〜1500円の加工賃が必要です。生果を乾燥・粉末にして袋詰めにすると粒度によりますが出来上がり商品10kg当たり約10万円かかると考えます。

なお、委託加工先は、公益財団法人日本食品衛生協会などのホームページから、食品受託加工業一覧で検索できます。

GAPの実践と認証取得のすすめ

唐辛子加工でもっとも大きなリスクは「異物混入」です。機械だけに頼らず、最後は人海戦術でリスクを回避します。それでも、万一の事態に備えての商品の回収からロットの保管、クレームと補償の対応などに万全を期す必要があります。

そのため、圃場での栽培、収穫、一次乾燥、もぎり、仕上げ乾燥、粉砕、包装、出荷に至るまで全過程の安全と衛生を管理するルールをあらかじめ決めて文書化することでかかわる人全員に周知し、ルールの遵守を記録し、記録内容を確認して問題点を発見した場合にルールの修正を実施する一連の行動をＧＡＰ（Good Agriculture Practice）といいます。多くの食品製造にかかわる個人や組織が国際水準であるGlobal GAP、Asia GAP、JGAPなどの認証を受けています。それによって直売所を訪れるお客からの信頼感が高まったり、栽培や加工の作業が快適で効率的になったり、サービス向上につながります。

茨城県みずほの村市場は、農産物直売所として日本で初めてＪＧＡＰ団体認証を取得（２００８年3月）し、国際的な生産工程管理基準で栽培した農産物を販売しています。また、ＪＡ福島では、直営の農産物直売所に出荷するサクランボの生産者団体がＪＧＡＰ認証を取得しています。本書の事例で紹介した「さんさん山城」も、２０２０年8月にトウガラシ類をはじめ、ナス、エビイモ、茶の生産についてＪＧＡＰを取得しました。

一方、２０１８年現在の国内の農家のうちＧＡＰ認証を取得している率は数パーセントにとどまります。今後、東京オリンピック・パラリンピックの選手村で使われる食材の調達条件としてＧＡＰ認証が必要になります。世界の人たちに日本の食材と七味唐辛子をはじめとする調味料の素晴らしさを知ってもらい、農産物の輸出や農村観光の振興に役立てるためにも国際基準ＧＡＰ認証の取得が増加することを期待します。

カコミ 京都産トウガラシを使った七味唐辛子の開発

京都市伏見区の「甘利香辛食品株式会社」は、カレー粉や胡椒をはじめとした各種スパイス類の製造・販売を手がけており、七味唐辛子も主要な製品のひとつです。同社は創業以来さまざまな七味唐辛子を開発してきましたが、原料のトウガラシはほとんど海外産でした。とくに京都は、京野菜やお漬物用の野菜の生産が盛んな地域ですから、かねてより京都産のトウガラシを使った七味唐辛子を開発したいという想いがありました。しかし、七味用の乾燥唐辛子の生産は手間がかかり、安定供給の点で困難とされていました。このようななか、生産者と試行錯誤を重ね、持続的に供給を受けるためのしくみをつくり、ようやく2016年に京都で栽培したトウガラシを収穫することができました。

京都の「伝統と革新の街」というイメージを七味唐辛子であらわしたい。そんな想いから、京都産トウガラシを使用した七味の開発がはじまり、創業八〇年以上の歴史の中で培われてきたノウハウにより、素材の風味を活かした上で見た目も色鮮やかな七味唐辛子「京甘利　七味唐辛子」（写真6－1）が誕生したのです。この七味唐辛子は2018年に発売され、その風味と色鮮やかさが好評となり、口コミによる広がりをみせて販売数量を伸ばしています。

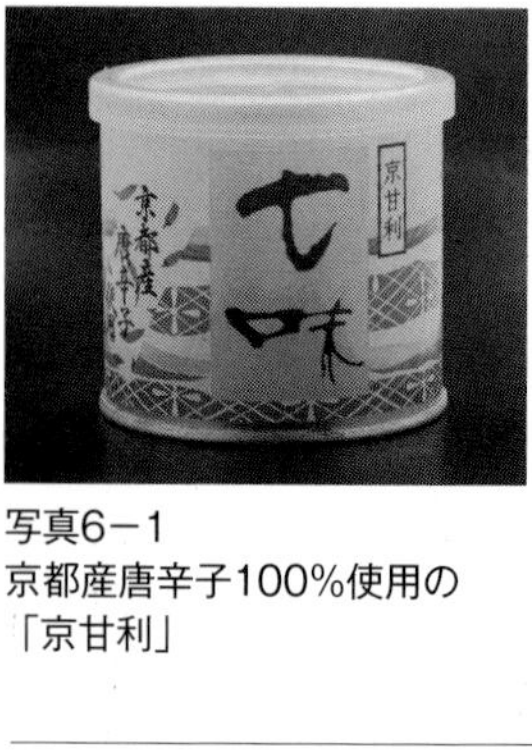

写真6－1
京都産唐辛子100%使用の「京甘利」

3 七味唐辛子商品の特徴

ひと目でわかる情報をパッケージに入れたい

七味唐辛子のパッケージは焼き物（蓋つき）、木製の竹型や筒型、木製の瓢箪《ひょうたん》型、ガラス容器、アルミ製容器、プラスチック製容器（蓋つきまたはミル付き）、入れ替え用袋など多彩で、眺めているだけで楽しくなります（写真6－2）。中には、柚子や瓢箪が描かれていたり、鯛、亀、鳩などの生き物が描かれているものなど、日本人が見ても何が入っているかすぐには理解できないような個性的なパッケージデザインもみられます。

しかし、表面に mixed chili pepper と記されている商品はなく、外国人旅行者にはどんな食品なのかわかりません。赤いトウガラシの図柄が描かれ、山椒や白ごまなどの薬味が含まれることなどの情報がひと目でわかる工夫があれば、

写真6－2
瓢箪形の容器

和食に興味を持つ外国人にとっては有用な情報となると思います。

ほどよい価格帯のものが多い

商品の値段は、スーパーマーケットで普通に陳列しているものは15g入りで150円ぐらいで、チューブ入りのわさびなどが約40g入りで200円程度なのに比べるとやや高いですが、一度に使用する量が少ないので割高感はありません。

一方、アルミ製容器やプラスチック製容器のものは15g入りで約800円ほど、木製の竹型や瓢箪型で約1300円ほどで、自分で使用するにはちょっと贅沢でもほどよい価格帯です。中には容器が焼き物の商品で15g入り約2300円という高価格帯のものもありますが、大事なお土産に適した値段といえます。

鮮度・使用量から15gの容量は適当

一味や七味唐辛子は乾燥野菜なので粉末にしてから時間が経過すると酸化や水分吸収などによって鮮度が低下します。賞味期限は容器や包装方法の違いによって3カ月〜18カ月と幅がありますが、開封後は湿気を防ぐとともに冷蔵庫での保存が風味を維持するポイントです。

しかし、日本ではハンガリーやスペインなどのように、トウガラシを材料にした調味料を大量に使用する料理がたびたび食卓に上がることはありません。また、カプサイシノイドは３カ月間で数パーセントほど減少し、また青のりなどの薬味の香りの低下もあるようなので、できるだけ早く消費するためには15ｇという内容量は適当であろうと思われます。

底にミルのついた容器もおもしろい

なお、ドイツではトウガラシを煮込みなどに使う料理はあまりみかけませんが、木製のお洒落な容器の底にミルがついたChili Pepper商品が売られています。パプリカとスイートバジル、イタリアンパセリなどのハーブ類が配合されているもので、料理に直接使える便利なものですが、詰め替え型ではありません。

近年は、日本のスーパーでもプラスチック製の容器の底にミルがついた商品も売られるようになり、使用する直前に粉末化することで少しでも鮮度低下を遅らせる工夫もされています。ミル部分の衛生上の問題を解決できれば、詰め替え型で和風の容器が現れることを期待するところです。

❹ 食材としてのトウガラシ――青実や葉の利用

ガクの緑色を残す方法

トウガラシは粉末にするだけなく、１本まるごと味付け用とすることもあります。たとえば、鷹の爪が１本入ったごま油（31ページ参照）や、正月の京都の名産である千枚漬けに１本だけ彩りとして加えるものです。

その場合、ガクと軸の色が重要です。規定の水分12％以下に乾燥させるとどうしてもガクと軸が変色し、新鮮さが失われてしまいます。そこで、収穫後の数日間だけハウス内で前述の青い不織布（商品名：青パオパオ）の下に置いたのち、室内で２週間以上の通風乾燥することでガクをきれいな緑色のまま維持することができます。

いろいろある青い果実の調理方法

着色前の青い果実をおいしくいただく調理方法も、以外とたくさんあります。小口切りや細切りにして種子とガクを取り除き、醤油や麺つゆと炒めて白ごまか鰹節をかけるとご飯にぴったりの相性です。辛みを抑えたいときは、ピーマンと半々にして調理するとどなたにも合う味になります。また、切らずに下ろし金ですりおろしてわさびのように冷や奴やお刺身に合わせても未経験のおいしさです。

ヨーロッパの例から学ぶ

トウガラシがスペインから早期に伝わったと考えられるイタリアでは、「カイエナ Cayenna」という品種が生まれ、赤・青にかかわらずオリーブオイルとニンニクで炒めてパスタに合わせると、フレッシュな味わいをいただけます。カイエナの辛さは日本の鷹の爪に比べると半分程度で、チョコレートなどスイーツの隠し味に使用されることもあり、このチョコレートを砕いてパンやビスケットの上にトッピングしてトースターで軽く溶かすと斬新な味わいです。

また、同じくフランスでも南部の町エスプレットでは「ゴリア Gorria」という品種をパンの香りづけに使用しています。また、パリ市内のマルソー通りの朝市でもピクルスにしたものを販売するなど、地域特有の利用方法が定着しました。

今後は日本でもパンやお菓子に塗るとちょっぴり辛い後味をひくような新商品が生まれてくるかもしれません。

カコミ ヨーロッパでもっとも有名な真っ赤なトウガラシ「エスプレット」(Piment'Espelette)

フランス南西部の小さな村エスプレットはスペインとの国境まですぐの集落です。バスク語とフランス語を公用語にするこの地域の伝統料理に、素晴らしい香りのトウガラシ「エスプレット」が使われます。17世紀にバスク人がエスプレットにこのトウガラシを伝えたといわれており、その果実の特徴は、長さ10cmぐらいで、「肩」と称されるガクのある部分が横に張り出し、果実の先端は尖っています。中国の品種「益都《イードゥ》」も少し似た形ですが、明るい赤色と厚めの果皮で、まるでピーマンのようです。その辛さは鷹の爪よりはるかにマイルドで、日本のシシトウよりは少し辛いぐらいで、生のままでも食べることができます。他の品種にはない独特のさわやかな香りがあり、乾燥して香辛料にするよりも新鮮な果実を味わう価値があります。

この香りを活かすため、新鮮な果実の種子と胎座を取り出して辛さをよりマイルドにしたものを、火で表面に少し焦げがつく程度に焼いて塩とオリーブオイルなどで味付けし、瓶詰や缶詰にしたものが売られています。

トウガラシ祭り

エスプレットは2000年にAOP（Appellation d'origine protégée の頭文字で「保護原産地

呼称」のこと）の認証を取得しています。ＡＯＰでは、産地、品種、草丈など栽培に関する細かい規定が多く設定されて、一つの農産物が地域の文化と歴史の伝承を担っています。

エスプレットでは、１９６５年から10月最後の土日に収穫が終わるのに合わせてトウガラシ祭りが開催されています。採れたての果実をヒモでつないで壁いっぱいに吊るす「コルド（cordos）」と呼ばれる伝統的な乾燥技術が、祭りを彩る風景になっています。多くの飲食店でこの日だけの特別なトウガラシメニューを見ることができます。バスク地方の名物であるＡＸＯＡ（アショア）はラムのミンチにエスプレットとガーリックを加えて炒めた料理です。甘く味付けしたパンにも、チョコレートの中にもエスプレットが入っていて、食べた後喉に少しピリッと辛みを感じます。また、エスプレットを入れたカクテルやワインなど珍しい飲み物も、この日だけ提供されています。祭りの後は、乾燥した果実を粉にして保存し、肉の煮込みなど家庭料理に用いられています。

エスプレットのＡＯＰ認証

エスプレットのＡＯＰで規定している条件は、フランスのエスプレット村で生産する、トウガラシの品種は「gorria」である、作付け本数は１ａ当たり27本とする、草丈を60～１５０cmになるよう肥培管理する、株当たりの着果数は15～30個にする、果実の収穫適期は長さ6～14cmとする、株当たりの収量は０・３～１kgとするなど細かく示されています。

葉を利用した加工もある

一方、昔からトウガラシの葉を新鮮な状態で塩漬け保存して佃煮にした商品があり、たいへんおいしく温かいご飯にぴったりです。近年、「京唐菜」という葉を収穫することを目的とした品種も育成され、京都のお土産に最適の逸品となっています。一般に「きごしょ」と呼ばれており、収穫した葉だけを市場に出荷しています。

トウガラシの葉を食用として収穫する場合は農薬取締法上は野菜類に分類されるので、野菜類またはとうがらし（葉）に登録がある農薬しか使用できません。また、とうがらし（葉）の登録における「使用時期（日数）」は、葉を収穫する前までの日数なので、この点、注意する必要があります。

フレッシュな果実や葉がスーパーの店頭に並んでいるのをみかけることはないので、ぜひ農産物直売所で販売していただきたい品目です。農家オリジナルの調理例のチラシや試食用の加工品などを消費者に提供することで、今までになかった新しい消費を生み出すことにつながります。

5 アジア地域の品種と利用方法

中国や韓国で生産するトウガラシは大きく分類すると4つあり、天鷹《ティェンイン》タイプ（小型、鷹の爪並みの辛み、辛口）、望都《ワンドゥ》タイプ（中型、中辛）、益都《イードゥ》タイプ（大型、甘口）、甜椒《テンジョウ》タイプ（超大型、超甘口）

の４タイプがあります。

天鷹……豆板醤の原料

中国河北省などから日本に輸入する天鷹は、八房に似てカプサイシンが０・３〜０・４％と強い辛みが特徴で、八房のように茎の先端に果実が房状に上を向いて着果します。

そら豆を麹で発酵させてつくる豆板醤《トウバンジャン》は、強い辛みの天鷹と塩を加えて味噌のような状態にしたものです。麻婆豆腐やエビチリといった、ピリッとした辛さが特徴の四川料理によく使われます。

望都……コチュジャンの原料

吉林省、河北省などから輸入する望都はやや清水森《しみずもり》ナンバに似た細長い形で、韓国でも多く生産されています。カプサイシンが０・１％程度で辛く、少し黄色みを帯びた果実は他品種とブレンドしてソースやドレッシングに重宝されます。

辛さの中にも甘みがあるコチュジャンは、マイルドな辛さの望都やもち米麹、糖類などを原材料とする発酵食品で、韓国料理のピビンパやトッポギなどに使われたり、そのまま生野菜につけて食べます。

益都……甘み・コクがあり、料理の色づけに

山東省などから輸入する益都（写真6―3）はややずんぐりとして本鷹に似た形です。この品種はカプサイシンが0・01～0・1とやや辛みを感じるかほとんど辛くない程度で、糖度11以上と甘い果物のようなコクがあり、「糸切」という糸のように細い飾り切りをして料理を鮮やかに彩るために用いられます。

なお、糖度だけをみれば鷹の爪とほぼ同程度なのですが、生果を食べても甘みはあまり感じません。しかし、採れたての新鮮な果実から種子と胎座を取り除いて加熱調理すると、強い甘みを感じることができます。

写真6―3　中国から輸入されている品種「益都」

甜椒……辛みなく炒め物や色・甘みづけに

甜椒は甘粛省などから輸入されています。カプサイシンは0・001～0・008％と辛みはまったくなく、赤パプリカと同じように炒め物などに用いられる他、粉末にして料理の色づけと甘みづけに使われます。ピーマンと同じ利用法と考えられます。

韓国では、望都タイプや益都タイプの品種が多く生産され、「チヨンヤン」「ハンバンドウ」などが有名です。キムチ向けにはカプサイシンが0・03％とあまり辛くない「ハンバンドウ」がたくさん使用されています。色は真っ赤ですが、ほどよい辛さの中に甘みもあり、子どもや辛いものが苦手な人でもおいしく食べられます。カプサイシンが約0・1％と辛い「チヨンヤン」はコチュジャンづくりには欠かせません。こちらは日本人がイメージするトウガラシの辛さです。

プリック・キーヌー……トムヤムクンの原料

タイ語ではトウガラシをプリックといい、4つの代表種があります。

プリックチーファー

タイ料理でもっともよく使われるのが「プリックチーファー」です。果実は長さ7cmほどで、辛みは弱く、成熟度の異なる緑、黄、赤の3段階に収穫することで料理に彩りを与えます。代表的なタイ料理「カオマンガイ」もプリックチーファーでつくられます。

プリック・キーヌー（prik-kee-noo）

プリック・キーヌーは日本でもよく知られている品種です。果実の長さは約3cmと鷹の爪よりやや小振りの果形で、カプサイシンは0・6～0・8％と鷹の爪や三鷹と同程度で強い辛みがあります。タイ料理で有名なトムヤンクンはこの生果を切ってスープに味付けしています。また、生果だけでなく、鷹の爪と同じように乾燥・粉砕したものを香辛料としても使います。草姿は鷹の爪に似ており、1房の着果数は鷹の爪の半分ぐらいで上向きに成り、分枝しながら各節に房が着生します。

プリックガリアン

プリックガリアンは、タイとミャンマーの国境近くに暮らす民族のカレン族に伝わるトウガラシです。辛さは弱く、独特のすがすがしい香りが特徴で、粉末にして用いたり、ソースの香りづけにします。肉、魚、野菜を煮て、プリックガリアンとガーリック、ごまなどでつくったソースでいただくタイスキが日本でも有名です。

プリックユアック

成熟前の緑の状態でも赤く着色した状態でも収穫します。どちらでも辛みを感じないため、小さめのピーマンのようなイメージです。おもに肉料理に使われます。

6 調味料としてのトウガラシ——日本と諸外国の例から

日本の調味料

かんずり

新潟県妙高の逸品「かんずり」は、自社栽培と妙高市の契約農家が栽培した地元伝統のトウガラシを天然海水塩で塩漬けしたのち、雪さらしして塩分を抜き、麹、柚子、食塩を加え、3年間かけて大切に熟成・発酵を進めます。そして、年に一度「手返し」して、最後は雪の降る寒空に樽を出して味を引き締めてつくられる、珍しいトウガラシの発酵食品です。

57g入りの瓶詰で販売されていますが、肉料理、刺身、麺類、野菜にも四季を通じて普段使いとして利用され、独特の芳香が料理の味を引き立てます。

今後もかんずりのように、辛いだけでなくまろやかな味わいを持つ、日本だけの新しい調味料の開発が期待されます。

練七味

京都の七味家本舗では、粉末以外にも「練七味」が提供されています。トウガラシの生果をそのますり潰して、柚子、山椒、食塩、黒ごま、青のり、生姜を練り込んでいますが、採れたての果実を噛んだような食感は伝統の技法が生み出しています。

70g入りの瓶詰で販売され、温かいご飯や麺類はもちろんのこと、味噌汁や漬物などの和食の他にも幅広く利用でき、上品な辛みの後にさわやかな柚子が香ります。

このように強烈な辛みよりも口当たりのよさや旨みを活かす調味料が開発された背景には、日本は欧米とは異なり肉などの脂肪の多い食材よりも、穀物、野菜、魚などをおもに食べてきたことがあるようです。

海外の調味料

チリパウダー

チリパウダーは、赤トウガラシ粉砕物だけの辛いチリペッパーとは異なり、オレガノ、クミン、ガーリックなどのスパイスを何種類か配合したミックススパイスです。チリペッパーに使用するトウガラシ品種はハバネロやブートジョロキアなどで、カプサイシノイドの含量は鷹の爪とは桁違いですが、チリパウダーにはカイエンが使用されることが多いので辛みはそれほど強くなく、スペイン料理のパエリアやメキシコ料理の豆と肉の煮込みチリコンカルネ（チリコンカン）やトウモロコシの粉製品トルティアに味付けして炒め物を包んだメキシコ料理のタコスに使用しています。

グヤーシュ

トウガラシは16世紀後半にハンガリーに伝わったとされており、伝統料理の「グヤーシュ（gulasova）」に欠かせません。野菜と肉をすりおろしニンニクといっしょに炒めて、水と赤ワインを足して、旨みはコンソメで、最後に真っ赤になるまでパプリカパウダーを入れて煮込み、火を止める3分ほど前にお好みの量のチューブ入りのパプリカペースト（写真6－4）を投入し、甘酸っぱく仕上げ、ハーブ類の複雑な香りとわずかな塩味をつけます。

アリッサ

日本の七味には甘みや旨みを加えたタイプはありませんが、フランスではアリッサ（HARISSA）

（写真６―５）という北アフリア生まれの人気のソースがあります。トウガラシとクミンシード、コリアンダーシードを加熱して種子ごと粉砕し、ガーリック、オリーブオイルなどを加えて瓶詰（１３０g入り）にしたものです。手づくりならば、チューブとはちょっと違うフレッシュさとジューシー感たっぷりの味わいがクスクス（小麦粉からつくる粒状の粉食）を使った肉料理にぴったりです。このアリッサタイプの調味料は中東地域に多数あり、なかには果実を混ぜたものもあり、各国のレシピに重要な役割を担っています。

写真6−4　パプリカペースト

写真6−5　HARISSA（パプリカを原料にしたソース）

写真6−6　甘口のパプリカ粉末「エーデシュ」

パプリカパウダー

ハンガリー料理に欠かせないパプリカパウダーは、独特の芳香と長引かないスパイシー感が日本人の味覚にもぴったりです。

意外にも、辛みのない甘いパプリカが育成されたのは最近で、20世紀になってからといわれています。ハンガリーの土産屋には、可愛いパッケージに入ったパプリカ粉末があり、「エーデシュ(ēdes)」という甘口タイプ、「チェメゲ(csemege)」という中辛タイプ、「エレーシュ(erōs)」という辛口タイプが売られています(写真6－6)。

カコミ

ヨーロッパ中のトウガラシ製品が揃う ポーランドの「ハラミロフスカ」市場

ポーランドのワルシャワには「ヨーロッパでお土産(加工食品)を買うならココ」といえるほど品物が揃った「ハラミロフスカ(Hala Mirowska)」という市場があります。とくにトウガラシのラインナップが充実していて、トウガラシ通にはたまりません。

前述したハンガリーのパプリカペーストや瓶詰のアリッサ(HARISSA)をはじめ、スペインのピキージョ(Pimentos del Piquillo)(フランスのエスプレットに似た製品)やリオハ(Alegias

Riojanas）などが並んでいます。ところで、それらを試食するとわかりますが、どれも香りがたいへんフルーティーです。この香りは辛味種だけが持つ特有のメチル酪酸であるといわれています。今どきはトウガラシは辛さ（スコヴィル値）にばかり注目されがちですが、今後は、強烈な辛さよりも、野菜として利用できる程度の辛さで、かつ甘長トウガラシにはない香りを持つような品種の育成に期待します。

とっておきは、エストニアのピプラ（PIPRA）（写真6−7）というほんの少し辛いトウガラシ（おそらくカイエン種）の味をつけたリキュールです。一口飲めば体の中からホカホカと温まります。瓶の中にトウガラシの果実は見当たりませんが、新鮮な果実から種子と胎座を取り除いたものをリキュールに漬け込んでいるのだと思われます。

写真6−7　ピプラ（PIPRA）

その他、ポーランドのインスタントスープでは甘口、やや辛め、辛口の3種類（ostraとchili）のスープ、イギリスのMRS BRIDGES社のスイートチリマヨネーズやオーストリアの中辛の塩（zalt）などが並んでいました。

7			8		9	10	11	12～2
上	中	下	上	中～下	上～下	上～下		
						収穫		
						乾燥		
	かん水開始（梅雨明け後）	出荷目合わせ	追肥開始	収穫・一次乾燥			もぎり（軸取り）	仕上げ乾燥
	○梅雨明け後は、5日間雨が降らなければ、うね間の両端を土のうなどで仕切り、うね間に水を5～10㎝ほどためて、しっかりとかん水する。※3日後に運動靴で圃場に入れるくらいが、適量の目安。	○初出荷前に、出荷先の製造会社と収穫適期、出荷規格について目合わせする（基準を決める）。	初収穫以降、約3週間おきにマルチの下に、化成肥料を1a当たり2kg施用する。（立性タイプは樹勢に応じて施用量を増やす）	○収穫適期の果実を一つずつ収穫し、出荷基準別に分けてコンテナに入れる。○周囲に防虫ネットを張ったハウス内で約2週間干す。○ハウス内は常に清潔にし、不要なものは置かない。○山積み状態で乾燥させると、内部が蒸れて変色するので、平積みで乾かす。［乾燥の注意点］○8～9月は気温が高いので、果実が日焼けしないように遮光資材をハウス内に設置する。			○清潔な室内で、果実を傷つけないようていねいにヘタを取る。○もぎり作業中に、出荷規格に準じてもう一度選別する。	○扇風機で通風して乾燥する。○気温が低いと乾燥しにくいので、エアコンで乾燥室内を加温する。○水分含量12％で出荷する。

〈付録1-①〉鷹の爪，本鷹，F_1品種などの栽培暦（分枝・芯立ち・立性タイプ）

月	3			4	5			6
旬	上	中	下	中	上	中	下	上〜下
					定植 ▲――	――	――	――
おもな作業	圃場の選定	土づくり	耕起	耕うん	元肥・うね立て	定植	わき芽取り	支柱立てと誘引
作業内容	○用水を確保できる圃場。 ○排水性と日当たりがよく、強風にさらされない場所を選定する。 ○少なくとも3年以上、トウガラシ、ナス、トマト、バレイショなどを植えていない圃場を選定する。	○完熟堆肥を苗の植え付け2カ月以上前に1a当たり約200kg施用する。	○除草と耕起は苗定植2カ月前に行なう。	○植え付け1カ月前までに、圃場1a当たり苦土石灰10kgとBMようりん5kgを施用する。	○植え付け数日前に土を適度に湿らせて、黒マルチを株元から10cm離して敷設する。 ○苗の植え付け2週間前に有機化成か緩効性肥料を施用し、高さ30cm程度のうねを立てる。	○定植後はその日のうちに、たっぷり苗周囲にかん水する。 ○苗の近くに竹などの支柱を立て、倒れないように軽く結ぶ。 ○植え付けは天気のよい日の午前中に行なう。	○わき芽をそのままにすると枝や根の生育を妨げるので、最初の花が咲いたら、茎の半分より下のわき芽を摘み取る。	○支柱を立てて、マイカ線かフラワーネットを結びつけ、新梢が倒れないように誘引する。

7			8		9	10	11	12
上	中	下	上	中～下	上～下	上～下		
					収穫	収穫		
					乾燥	乾燥	乾燥	
支柱立てとネット張り		かん水開始（梅雨明け後）	出荷目合わせ	収穫・一次乾燥・摘果			仕上げ乾燥 もぎり（軸取り）	
○うねの4角に支柱を立てて、フラワーネットを水平に張り、株が倒れないように支える。		○梅雨明け後は、5日間雨が降らなければ、うね間の両端を土のうなどで仕切り、うね間に水を5～10㎝ほどためて、しっかりとかん水する。 ※土壌水分の急激な変化は、裂果を招くのでうね間にシートを敷設して乾燥を防止する。	○初出荷前に、出荷先の製造会社と収穫適期、出荷規格について目合わせする。	［乾燥の注意点］ ○ほぼ乾いたら果梗をハサミで切って出荷規格別に分ける。 ○干し場は常に清潔にし、不要なものは置かない。 ○半日陰で逆さにして吊るし、上から防虫ネットを被せて約2週間干す。 ○株全体が着色したら、株元で切って収穫する。			○水分含量12％で出荷する。 ○もぎり作業中に、出荷規格に準じてもう一度選別する。 ○清潔な室内で、果実を傷つけないようていねいにヘタを取る。	

〈付録1-②〉八房の栽培暦（芯止まり成房りタイプ）

月	3			4	5			6
旬	上	中	下	中	上	中	下	上〜下
					定植 ▲			
おもな作業	圃場の選定	土づくり	耕起	耕うん	元肥・うね立て	定植	摘芯	土寄せ
作業内容	○用水を確保できる圃場。 ○排水性と日当たりがよく、強風にさらされない場所を選定する。 ○少なくとも3年以上、トウガラシ、ナス、トマト、バレイショなどを植えていない圃場を選定する。	○完熟堆肥を苗の植え付け２カ月以上前に１ａ当たり約２００kg施用する。	○除草と耕起は苗定植２カ月前に行なう。	○植え付け１カ月前までに、圃場１ａ当たり苦土石灰10kgとＢＭようりん５kgを施用する。	○苗の植え付け２週間前に有機化成か緩効性肥料を施用し、高さ30cm程度のうねを立てる。	○定植後はその日のうちに、たっぷり苗周囲にかん水する。 ○苗の近くに竹などの支柱を立て、倒れないように軽く結ぶ。 ○植え付けは天気のよい日の午前中に行なう。	○頂芽をそのままにすると枝が混み合うので、最初の蕾が見えたら摘み取る。	○分枝が伸びて株張りが大きくなってきたら、株元に周囲の土を軽く寄せて倒伏を防止する。

〈付録2〉トウガラシの種苗入手先（2020年現在）

品種名など	会社名・連絡先
鷹の爪、日光とうがらしなど	タキイ種苗㈱ 〒600-8686　京都市下京区梅小路通猪熊東入 TEL（075）365-0140（通販係） FAX（075）344-6707（同上）
宇治交配PRうまから	丸種㈱ 〒600-8310　京都市下京区七条新町西入 TEL（075）371-5101 FAX（075）371-5108
F_1カンコクトウガラシ、激辛タイプなど	藤田種子㈱ 〒669-1357　兵庫県三田市東本庄1921-5 TEL（079）568-1320
F_1大紅とうがらし	中原採種場㈱ 〒812-0893　福岡市博多区那珂5丁目9-25 TEL（092）591-0310 FAX（092）574-4266
八房、鷹の爪など	㈲つる新種苗 〒390-0811　長野県松本市中央2-5-33 TEL（0263）32-0247 FAX（0263）32-3477

●参考文献

桂川あやな・松島憲一・南鋒夫・根本和洋・濱渦康範．2010．単為結果が極低辛味系統S3212（Capsicum frutescens）の辛味に与える影響．園学雑．10別1．352．

熊沢三郎・小原赳・二井内清之．1954．本邦に於けるとうがらしの品種分化．園学雑．23(3)．16-22．

嵯峨紘一・佐藤玄．トウガラシ果実のフェノール，フラボノイドおよびカプサイシノイド含量の品種間差異．2003．園学雑．72(4)．335-341．

栃木県輸出とうがらし生産販売連絡協議会．1971．栃木の唐がらし．

吉田千恵・高橋正明・岩崎泰永・古野伸典・松永啓・永田雅靖．2014．催色期に収穫したカラーピーマン果実の着色促進に関する要因について．園学雑．13．155-160．

著者略歴

寺岸　明彦（てらぎし　あきひこ）

昭和33年、大阪府生まれ。昭和58年京都府立大大学院博士前期課程修了、農学博士。元京都府山城北農業改良普及センター副所長。トウガラシや甘長トウガラシ、エビイモなどの京野菜の栽培指導、農福連携事業で「京都産唐辛子使用七味唐辛子」をはじめとした特産品の生産支援などを行なう。『農業技術大系　野菜編』第5巻「甘長トウガラシ類の栽培技術」(2005年）や『園芸新知識』（タキイ種苗、2019年）「「千両二号」と歩んだナス産地」などを執筆。

◆小さい農業で稼ぐ◆
トウガラシ　辛味種の栽培から加工まで

2020年11月5日　第1刷発行

著者　寺岸　明彦

発行所　一般社団法人　農山漁村文化協会
郵便番号　107-8668　東京都港区赤坂7丁目6－1
電話　03(3585)1142(営業)　03(3585)1147(編集)
FAX　03(3585)3668　　振替　00120-3-144478
URL http://www.ruralnet.or.jp/

ISBN978-4-540-20131-8　　製作／(株)農文協プロダクション
〈検印廃止〉　　印刷／(株)新協

製本／根本製本(株)
Printed in Japan
定価はカバーに表示
乱丁・落丁本はお取り替えいたします。